...UX DE NÎMES

PROJET DE DÉRIVATION

...VORGES

A LA PLAINE DU RHÔNE

EAUX DE NIMES

PROJET DE DÉRIVATION

DES

EAUX FILTRÉES DE LA PLAINE DU RHONE

Par Machines hydrauliques

Utilisant la chute du barrage de la BARTHELASSE

MONTPELLIER , TYPOGRAPHIE DE BOEHM ET FILS.

EAUX DE NIMES

PROJET DE DÉRIVATION

DES

EAUX FILTRÉES

DE

LA PLAINE DU RHONE

Par Machines hydrauliques

UTILISANT LA CHUTE DU BARRAGE DE LA BARTHELASSE

PAR

A. DUPONCHEL

INGÉNIEUR DES PONTS ET CHAUSSÉES.

Prix : UN FRANC.

NIMES

BORELY, Libraire-Éditeur, Place de la Comédie.

—

1865

EAUX DE NIMES

PROJET DE DÉRIVATION

DES

EAUX FILTRÉES

DE

LA PLAINE DU RHONE

Par machines hydrauliques, utilisant la chute du barrage de la Barthelasse

---

L'approvisionnement des eaux, dans les centres de population, occupe une place importante parmi les travaux publics de notre époque. Depuis les plus grandes cités jusqu'aux plus humbles bourgades, il est peu de localités qui ne se soient sérieusement préoccupées, dans ces derniers temps, d'assurer ou d'accroître les ressources de leur alimentation.

La ville de Nimes pouvait, moins qu'aucune autre, rester étrangère à ce mouvement général. Il ne s'agissait pas seulement pour elle d'améliorer le bien-être matériel d'une population nombreuse, de donner une légitime satisfaction aux exigences d'industries déjà prospères, pour lesquelles l'eau jaillissante est une condition essentielle de nouveaux progrès. Elle se sentait en quelque sorte engagée par les glorieux souvenirs de son passé; et la préoccupation constante de ne point faire une œuvre vulgaire qui restât trop inférieure à celle dont elle montre avec orgueil les splendides vestiges, n'a peut-être pas été étrangère aux retards qu'a rencontrés la réalisation de cette utile entreprise.

Depuis plus de quarante ans, la question est à l'ordre du jour dans la population, et d'innombrables projets, dus pour la plupart à des ingénieurs d'un grand mérite, ont incessamment tenu l'opinion publique en haleine, sans jamais la satisfaire entièrement.

Bien que notre pratique personnelle de travaux de ce genre nous y eût peut-être donné des droits, nous ne serions pourtant pas entré dans ce concours, en quelque sorte permanent, si nous n'avions à indiquer une combinaison entièrement nouvelle. Nous proposons aujourd'hui d'utiliser, pour la distribution des eaux de Nimes, une force mécanique naturelle et inépuisable; la chute motrice du barrage de la Barthelasse sur le Rhône, dont les travaux d'aménagement tout faits, représentent une valeur acquise de plus d'un million pour qui voudra s'en servir.

Du moment où nous la présentons, cette solution nous paraît évidemment la meilleure. Pour qu'on puisse apprécier à cet égard les motifs sur lesquels repose notre conviction, il ne sera pas inutile, avant d'exposer les détails de notre projet, de rappeler en peu de mots les principes essentiels qui lui ont servi de base. En résumant ainsi les données théoriques qui doivent être le point de départ de toute étude de distribution d'eaux, nous n'avons nullement la prétention de présenter un cours complet sur la matière, encore moins de produire des idées nouvelles sur un sujet que bien d'autres avant nous ont traité beaucoup mieux que nous ne saurions le faire. Notre but n'est donc pas de rien apprendre à ceux qui savent déjà ; mais, dans une question qui intéresse tout le monde à la fois, et qui cependant se rattache à des études spéciales que peu de personnes ont eu l'occasion de faire, il peut être bon de faire connaître sommairement à ceux qui voudront étudier la question de plus près, quelles sont les difficultés générales du problème et comment on les résout de nos jours.

Cette étude générale aura d'ailleurs l'avantage de coordonner les projets déjà présentés, de mettre en relief les mérites et les inconvénients de chacun d'eux, en les rapportant à un même type de comparaison ; de faire enfin cesser la confusion qui, dans bien des esprits, doit résulter d'un conflit d'idées et de systèmes contradictoires.

Ce ne sera qu'après cet examen préalable que nous pourrons, dans la seconde partie de ce Mémoire, exposer avec quelques détails en quoi consiste notre projet, quelles en sont les dispositions essentielles, et quels seront ses principaux avantages.

PREMIÈRE PARTIE
PRINCIPES GÉNÉRAUX

I. Quantité d'eau à fournir.

Il n'est, à proprement parler, pas de limites précises qu'on puisse assigner quant à la quantité des eaux qui est nécessaire à l'approvisionnement d'une ville. Le luxe est à cet égard souvent un objet de première nécessité ; mais il est cependant des bornes qu'il faut savoir s'imposer, et qui résultent surtout des moyens pratiques et des ressources pécuniaires dont on dispose en chaque localité.

Les besoins réels varient d'ailleurs constamment et croissent dans des proportions en quelque sorte indéfinies, à mesure que l'état social s'améliore.

Sans remonter aux civilisations éteintes, sans rappeler les sacrifices incessants que les peuples d'origine romaine, aux temps florissants de leur empire, s'imposaient pour accroître sans relâche des ressources d'approvisionnement qui de nos jours paraîtraient surabondantes ; sans citer une fois de plus les sept aqueducs de Rome, les quatre aqueducs de Lyon ; nous bornant à la période moderne, nous voyons non-seulement les besoins grandir, mais le but essentiel se déplacer d'une génération à l'autre dans les derniers siècles de notre histoire.

Les travaux de dérivation entrepris sous les règnes de Louis XIV et de Louis XV n'avaient pour but principal que l'ornementation architecturale; ils étaient destinés surtout à embellir, soit la demeure du souverain, comme à Versailles, soit le monument élevé à sa gloire, comme à Montpellier.

La question du bien-être matériel des masses n'y jouait qu'un rôle très-secondaire, et l'on croyait faire beaucoup pour elles, en leur accordant quelques rares et maigres fontaines publiques, où la population pouvait puiser à grand'peine le strict nécessaire aux usages domestiques les plus urgents.

Plus tard, les travaux se sont en quelque sorte démocratisés. Ce qui n'avait été que l'accessoire est devenu le principal. On s'est efforcé en tous lieux, non-seulement de multiplier les fontaines publiques, mais de fournir en abondance aux populations tout ce qui devait servir à développer en elles les saines habitudes d'hygiène et de propreté, en même temps que ce qui pouvait faciliter les progrès de nouvelles industries sans cesse croissantes. De là tant de destinations nouvelles à satisfaire, usages inconnus hier, indispensables aujourd'hui, bains et lavoirs publics, prises d'eau pour le lavage des rues et l'arrosage des voies publiques, concessions particulières aux établissements industriels, etc.

A cette seconde période, qui remplit la première

moitié de ce siècle, en succède une troisième, dans laquelle ce ne sont plus seulement les besoins pure- ment physiques, les exigences de la vie animale ou de l'industrie qui sont en jeu, mais le sentiment du goût, de l'élégance, d'un bien-être matériel plus raf- finé que celui dont se contentaient les générations passées.

Le lavage et l'arrosage des rues ne suffisent plus. Les voies publiques elles-mêmes se transforment ; elles s'élargissent en boulevards plantés d'arbres rayonnant autour de promenades intérieures, aux gazons verts émaillés de fleurs et d'arbustes, ornées de bassins et de fontaines jaillissantes ; elles aboutissent hors les murs à de véritables parcs, jardins de Versailles publics, où la population tout entière, riches et pau- vres, va chercher à l'ombre des allées touffues, dans les îles des lacs ou sur le bord des rivières artifi- cielles, la fraîcheur et les doux loisirs du repos, ré- compense naturelle du labeur de chaque jour.

Mais pour arroser ces squares, ces boulevards, abattre la poussière sans cesse renaissante qui les dé- vore ; pour faire pousser les arbres, les gazons et les fleurs ; pour alimenter les pièces d'eau, faire jaillir les gerbes, ruisseler les cascades, il faut des ressources d'approvisionnement énormes, sans cesse croissantes ; et l'art de l'ingénieur doit consister à les procurer, non-seulement en quantité suffisante, mais à un prix relativement minime qui permette une prodigalité apparenté, sans laquelle les besoins artificiels du luxe perdent tout leur charme.

Nous ne nous étendrons pas davantage sur ces considérations, futiles en apparence, mais qui n'en doivent pas moins avoir une très-grande importance pour ceux qui, s'occupant d'un nouveau projet de distribution d'eaux, veulent le mettre en harmonie avec les besoins réels de l'époque. La question, à ce point de vue, a été traitée avec des développements que nous ne pourrions lui donner, dans l'excellente étude que M. l'ingénieur en chef Valez vient de consacrer aux eaux de Versailles. Qu'il nous suffise, pour emprunter un chiffre à cet ouvrage, de rappeler que les nouvelles machines de Marly, deux fois plus puissantes que les antiques pompes hollandaises de Louis XIV, au temps de leur plus grande perfection , — élevant 10,000 mètres cubes d'eau par vingt-quatre heures, au lieu de 5,000 , — sont considérées comme à peine suffisantes pour les besoins de la population civile de Versailles et de ses environs, bien que le service des jardins, qui absorbait à lui seul le produit des anciennes machines, ne figure pas pour plus de 200 mètres en moyenne dans la consommation actuelle.

Tandis que, au commencement de ce siècle, 15 à 20 litres d'eau par habitant représentaient l'approvisionnement normal pour une population qui n'allait chercher à la fontaine que ce qu'exigeaient les soins du ménage, on a compté plus tard sur un débit de

100 litres, lorsqu'on a voulu faire face aux besoins généraux de l'édilité.

On est déjà bien loin de ce chiffre aujourd'hui, et si l'on veut trouver un terme de comparaison convenable, ce n'est même plus chez nous qu'il faut le chercher, dans l'exemple de distributions incessamment remaniées, dont le produit reste toujours inférieur aux besoins réels[1]. Il faut l'emprunter aux villes des États-Unis qui, dans ces dernières années, ont créé tout d'une pièce ces utiles établissements sur des bases qui de prime-abord paraissaient gigantesques, et qui cependant ont fini par devenir à peine suffisantes.

A New-York, ville de 4 à 500,000 âmes, qui n'était naguère alimentée que par quelques puits saumâtres, on a dépensé 65 millions pour obtenir un approvisionnement de 140,000 mètres cubes par vingt-quatre heures, et la consommation pendant certains jours de l'été s'est élevée jusqu'à 400 litres par habitant.

---

[1] Nous ne parlons pas des travaux de Marseille. Sans contester son utilité, les grands services qu'elle a rendus à la population, la dérivation des eaux bourbeuses de la Durance ne constitue pas, à nos yeux, une véritable distribution d'eaux publiques, mais une entreprise d'irrigation pour la banlieue de Marseille. Les environs de la ville ont été heureusement transformés, mais la cité elle-même manque d'eaux potables, et, une fois le premier engouement passé, il faudra très-certainement que l'administration locale s'occupe d'y pourvoir par d'autres moyens.

Même résultat a été obtenu à Boston, où la dépense journalière a atteint 320 litres par tête.

Tels sont les précédents qui doivent, ce nous semble, être pris pour guide dans la fixation des besoins probables de Nimes. Ce qui est nécessaire à Boston, à New-York, doit l'être tout au moins autant dans une ville dont le climat est plus sec, où des torrents d'eaux jaillissantes sont indispensables pour lutter contre la poussière qu'un sol naturellement calcaire y rend plus intense encore que partout ailleurs.

Avec sa population de 60,000 habitants, Nimes doit raisonnablement désirer pouvoir se procurer un approvisionnement immédiat de 20 à 25,000 mètres cubes d'eau par vingt-quatre heures ; mais elle doit en outre prévoir la nécessité d'accroître plus tard cette ressource, pour la maintenir en rapport avec l'augmentation probable de sa population, que tout annonce devoir atteindre 100,000 âmes avant la fin du siècle.

Il ne faudrait pourtant pas pousser les choses à l'excès ; en vue des nécessités futures, il ne serait avantageux de se procurer immédiatement ce surcroît d'approvisionnement, que tout autant qu'il pourrait être réalisé à peu près sans augmentation de frais, et il n'est pas à espérer qu'aucune combinaison puisse donner ce résultat. En opérant convenablement, on peut bien se flatter sans doute que la dépense ne sera pas rigoureusement proportionnelle à la quantité d'eau à fournir, mais elle croîtra toujours avec elle ; et, dans de telles circonstances, si le nécessaire n'est jamais trop cher, le superflu est au contraire toujours trop coûteux. Il sera donc raisonnable de s'en tenir aux besoins réels du moment, tout en adoptant un cadre qui puisse à volonté s'étendre pour faire face à ceux de l'avenir.

Bien entendu que nous ne parlons que des éléments essentiels d'une distribution destinée à la ville elle-même ; que nous ne tenons aucun compte des besoins agricoles d'un territoire plus ou moins étendu, qui sont essentiellement différents et qu'on pourrait rarement concilier dans une même entreprise, ainsi qu'on a eu le tort de vouloir le faire dans plusieurs des projets antérieurs au nôtre. Nous reviendrons sur cette question en parlant de la qualité des eaux ; mais il reste bien établi pour nous, et l'opinion publique nous paraît elle-même parfaitement fixée à cet égard, que l'approvisionnement ne doit comprendre que ce qui est destiné à assurer le bien-être et les besoins de la population agglomérée. C'est dans cette hypothèse que la ville de Nimes nous paraîtra amplement desservie, si on peut lui donner un produit journalier de 20 à 25,000 mètres cubes d'eau, susceptible d'être plus tard porté à peu près au double, sans trop grande augmentation de frais, dans le cas où ce supplément serait réclamé par l'accroissement probable de la population.

La question de quantité des eaux à fournir doit se rattacher à celle de la hauteur à laquelle ces eaux s'élèveront. Il ne suffit pas en effet qu'elles viennent rigoureusement aboutir au goulot des bornes-fontaines ou aux vasques des fontaines monumentales ; il est

indispensable qu'elles puissent se distribuer d'étage
en étage dans toutes les maisons, et qu'elles conser-
vent en chaque point une charge suffisante pour jaillir
par les gerbes d'ornementation ou par les lances mobiles
destinées à l'arrosage des rues et des promenades.

Une pression moyenne de 15 à 20 mètres au-dessus
du niveau des voies publiques est une condition dé-
sirable, qui malheureusement ne saurait être rem-
plie au même degré pour tous les quartiers de la ville
de Nîmes. Quelques-uns d'entre eux, en effet, sont
situés sur le flanc des coteaux, à des hauteurs au-
dessus desquelles on ne saurait s'imposer d'établir le
niveau général de la distribution sans s'astreindre à
un certain surcroît de frais et de sujétions. La question n'est d'ailleurs pas entière. Tous les projets présentés, et il ne nous a pas paru que le nôtre dût,
de prime abord, faire exception à la règle commune,
empruntent sur une plus ou moins grande partie de
leur parcours la cuvette de l'ancien aqueduc Romain,
dont le bassin de distribution, le *castellum diviso-
rium*, se trouve près la porte d'Alais, à la cote 57 mètres. A ce niveau, que l'on doit, en quelque sorte,
considérer comme obligatoire, la distribution domine-
ra de 7 mètres la terrasse de l'hémicycle de la Fontaine,
de 10 mètres environ les bassins de la source, de 12 à
15 mètres la majeure partie de la ville, de 20 mètres
les quartiers les plus bas du chemin de fer.

Si tout était à faire à neuf, et si surtout il ne devait
pas en coûter beaucoup plus, nous aurions tenu à

relever de 12 à 15 mètres environ le niveau supérieur
de la distribution ; mais malheureusement nous nous
trouvions lié par ce qui existe. Tout en nous propo-
sant d'indiquer plus tard ce qu'il en coûterait pour
exhausser le plan d'eau supérieur, nous l'avons provi-
soirement maintenu à la hauteur normale de l'aqueduc Romain, qui est, à la rigueur, suffisante pour la
très-majeure partie des usages à desservir.

Quelques quartiers hauts, de fort peu d'importance,
resteront seuls en dehors des avantages directs de
l'opération, auxquels il sera très-facile de les faire
participer au besoin, en élevant par des moyens spéciaux, sur lesquels nous reviendrons, une petite
quantité d'eau à telle hauteur qui sera reconnue nécessaire, au niveau de la porte d'entrée de la Tour-Magne,
s'il le faut.

II. Qualité des eaux.

Les conditions indispensables à l'eau qui doit servir
à la boisson, à la cuisson des aliments, à la satisfaction
des usages domestiques, en un mot, ne sont pas au
même point nécessaires dans la plus grande masse
destinée à l'arrosage des promenades, au lavage des
rues et même à l'alimentation des fontaines et jets
d'eau d'ornement.

S'il était possible, ou tout au moins économique
de scinder une distribution, on pourrait avoir deux
approvisionnements distincts, dont l'un serait plus

spécialement réservé à la consommation des habitants et l'autre aux usages publics d'édilité.

Mais cette division, à la rigueur admissible dans quelques très-grandes villes, présente en général beaucoup d'inconvénients, et double en fait les dépenses du service, non-seulement pour la distribution générale, mais pour la répartition particulière des eaux entre les concessionnaires. Il faudrait donc des motifs très-graves et l'impossibilité bien constatée de trouver en un même lieu toute la masse d'eaux pures nécessaires à la distribution, pour recourir à une pareille division. On doit dès-lors s'astreindre, sauf à aller la chercher un peu plus loin, à n'avoir qu'une seule qualité d'eau, réunissant toutes les conditions d'une bonne eau potable, qui sont la limpidité, la fraîcheur et la proportion convenable des sels contenus en dissolution.

Nous n'avons pas besoin d'insister sur l'obligation d'avoir des eaux limpides, ne tenant en suspension aucune matière étrangère dont la présence serait toujours répugnante à l'œil, quand elle n'aurait pas d'autres inconvénients. Cette condition est encore plus essentielle s'il s'agit de matières organiques susceptibles de se putréfier.

La question de température, de fraîcheur originelle des eaux dérivées, est moins essentielle lorsqu'on doit recourir à des localités éloignées, pour obtenir les éléments d'un approvisionnement convenable. Les conditions de transport règlent, dans ce cas, la tem-

pérature, qui finit par se mettre à peu près en équilibre
avec le milieu traversé. Les eaux fraîches s'échauffent,
les eaux chaudes se refroidissent dans le parcours, et
si le transport souterrain se fait à une profondeur suffisante au-dessous du niveau du sol, la température
finale arrive à un degré sensiblement uniforme qui
diffère peu de la température moyenne de l'année, elle-
même à peu près constante en chaque lieu. On peut
en général, avec des précautions suffisantes, atteindre
d'assez près ce résultat, obtenir à Nimes, par exemple,
une température se rapprochant de 15 à 16° centigrades;
mais il est impossible de pouvoir exiger mieux.

La question de composition chimique des eaux,
quant aux sels qu'elles tiennent en dissolution, est
beaucoup plus complexe et encore fort obscure en
divers points. Les eaux jouent dans l'alimentation du
corps humain un rôle physiologique incontestable, qui
dépend essentiellement de la nature de ces sels. Chi-
miquement pure, l'eau serait une fort mauvaise boisson ; il est nécessaire qu'elle soit aérée, qu'elle con-
tienne en dissolution de l'air atmosphérique, de l'acide
carbonique, et certains sels minéraux devant fournir
à nos divers organes une partie de leurs éléments
essentiels.

L'expérience prouve combien la qualité des eaux
est essentiellement liée à l'hygiène. C'est à elle qu'on
doit attribuer certaines maladies ou affections endé-
miques, telles que le goître, la carie des dents, diverses
espèces de fièvres et bien d'autres. L'analyse chimi-

que est parfois impuissante à préciser, tant la proportion en est minime, quelles sont ces substances
dont la présence ou le défaut différencient telle eau
de telle autre. Le fait n'en est pas moins certain, et sans
vouloir avancer des hypothèses trop hasardées, on
peut, croyons-nous, considérer comme étant en tout
cas indispensables les sels d'iode et de chaux.

S'il est des sels rigoureusement nécessaires à la
constitution d'une bonne eau potable, nous n'avons pas
besoin d'insister sur les inconvénients que doit entraîner
l'abondance trop grande de quelques-uns d'entre eux.
Sans parler des eaux saumâtres, il en est un grand
nombre qu'une proportion un peu trop forte de sels de
chaux rend impropres à la plupart des usages domestiques, au lavage du linge et à la cuisson des aliments
aussi bien qu'à la boisson, devenue lourde et difficile-
ment digestive.

On a récemment inventé toute une méthode nouvelle d'analyse rapide, qui consiste en quelque sorte à
classer les eaux potables proportionnellement à la
quantité de chaux qu'elles contiennent. Sans mécon-
naître la valeur que peut avoir souvent cette indication,
il ne faudrait pas en exagérer l'importance. Bien d'autres substances que les sels de chaux peuvent influer
sur la qualité des eaux. Parmi les eaux calcaires elles-
mêmes, il serait, croyons-nous, nécessaire d'établir
une distinction trop souvent négligée entre les eaux
séléniteuses contenant le sulfate de chaux ou plâtre
toujours mauvais ou nuisible, et les eaux carbonatées.

Ces dernières doivent à la présence d'un excès d'acide carbonique libre, la propriété d'avoir pu dissoudre une petite quantité de carbonate de chaux qui n'a rien de désagréable au goût, et qui, loin de gêner les fonctions digestives, paraît au contraire les activer, lorsqu'il n'est pas trop abondant.

Ce n'est pas seulement quant à leur action physiologique que l'étude chimique des eaux peut avoir une grande importance; elle n'offre pas moins d'intérêt au point de vue de la conservation des ouvrages de la distribution elle-même, qui sont parfois exposés à être mis hors de service par des actions d'autant plus irrésistibles qu'elles sont continues. L'une de ces causes principales de dégradation est due à la présence du carbonate de chaux, que nous signalions tout à l'heure, et qui se retrouve en plus ou moins grande quantité dans toutes les eaux provenant de terrains calcaires. A mesure que se dégage au contact de l'air libre l'acide carbonique, qui seul tenait le calcaire en dissolution, ce dernier se dépose, donnant lieu à ces incrustations de tuf dont les couches successives, plus ou moins caractérisées par des différences de coloration correspondant aux saisons, donnent, pour apprécier l'âge relatif d'un aqueduc, des éléments analogues à ceux qui permettent de déterminer l'âge d'un arbre dans la section transversale de son tronc.

A cet inconvénient, dû surtout aux eaux provenant des couches calcaires, en correspond un autre dans les eaux d'origine granitique, qui, plus chargées de sels alcalins, de chlorures surtout, ayant une action particulière sur la fonte, provoquent la formation de rugosités intérieures, analogues par leur forme aux champignons, véritables végétations minérales qui dans certaines localités ont dû faire renoncer à l'emploi des conduites métalliques.

Considérées au point de vue de leur origine, les eaux peuvent se rapporter à deux grandes classes distinctes : les eaux de source et les eaux de rivière.

Les premières, prises à leur sortie même du sol, ont en général à un même degré une grande limpidité, mais présentent, quant à leur composition chimique, de très-grandes différences qui tiennent à la nature des terrains dans lesquels elles ont été approvisionnées. C'est dans les eaux de source qu'on peut surtout constater l'une ou l'autre des deux actions dont nous venons de parler, relativement à la conservation des conduites : les incrustations pour les eaux calcaires, les boursoufflements des tuyaux de fonte pour les eaux alcalines.

Les eaux de rivière, en général soumises à un battage répété, pendant lequel elles ont laissé déposer l'excès de carbonate de chaux dont elles étaient chargées, et perdu leur action corrosive, contenant un mélange plus uniforme, une variété plus grande de matières salines en dissolution, sans excès nuisible d'aucune d'elles en particulier, sont préférables aux eaux de source, tant au point de vue de la conservation des conduites qu'à celui de l'action hygiénique. Mais ces avantages sont compensés par le défaut de limpidité, le mélange de matières minérales en suspension, et souvent de substances organiques susceptibles de se décomposer et de rendre l'eau complètement insalubre.

Il existe en certains lieux une troisième catégorie que nous pourrions appeler eaux de filtration, qui ne sont autre que des eaux de rivière épurées par leur passage à travers des bancs de graviers, qui, présentant les qualités chimiques des eaux de rivière, se rapprochent des eaux de source par leur limpidité et leur fraîcheur.

A la condition que la masse filtrante soit complètement inerte, n'ait opéré qu'une action purement mécanique, sans pouvoir leur communiquer un principe nuisible, les eaux de filtration, dans toutes les contrées où on les retrouve, sont les meilleures qu'on puisse employer. Elles forment déjà la base d'un grand nombre de distributions importantes, parmi lesquelles nous pouvons citer celles des villes de Toulouse et de Lyon.

On a quelquefois essayé de suppléer aux eaux de filtration naturelles, par des procédés artificiels de filtrage, dans lesquels nous n'avons, pour notre compte, aucune confiance. S'il est en effet bien des moyens connus d'épurer une petite quantité d'eau, il n'en est aucun qui puisse être sérieusement appliqué aux masses énormes qu'exigent aujourd'hui les besoins de la distribution normale d'une grande ville. Pour peu qu'on veuille remarquer que tous les procédés de filtrage ar-

tificiel reviennent plus ou moins à employer des ma.
tières poreuses, dans les interstices desquelles doivent
être logées et retenues toutes les substances étran-
gères dont on a à se débarrasser, on ne peut que re-
culer devant le cube excessif de matières filtrantes
qu'il faudrait employer ou remanier tous les ans pour
épurer plusieurs millions de mètres cubes d'eau naturellement limoneuse.

Les filtres naturels formés par les sables et graviers
des rivières n'ont pas seulement pour eux l'avantage
de leur grande masse. La partie active, la couche su-
perficielle des apports de galets formant le fond du lit,
dans laquelle se produit le dépôt des matières en suspension, est en effet chaque année bouleversée et ré-
générée par les crues, et c'est à cette cause surtout
qu'on doit attribuer la continuité et la régularité
d'action de filtres naturels, tels que ceux des prairies
de Toulouse, qui fonctionnent depuis un demi-siècle,
sans avoir rien perdu de leur efficacité première.

En admettant le principe d'une distribution unique
pour tous les usages, il faut donc s'imposer l'obligation d'employer les eaux telles que les fournit la
source où on va les puiser. Il est dès-lors indispensable
de ne prendre que des eaux naturellement pures et
limpides, et de leur conserver ces qualités par tous
les moyens possibles; condition essentielle qui ne saurait se concilier avec aucun autre usage des eaux dérivées, tel que celui des irrigations.

L'arrosage, en effet, n'exige nullement des eaux lim-

pides et fraîches, bien loin de là ! Les eaux échauffées
au contact de l'air, chargées de limons et surtout de
matières organiques, sont plus que toute autre douées
de propriétés fertilisantes. Vouloir réunir dans une
même entreprise deux opérations aussi distinctes qu'une
distribution d'eau et un arrosage, serait nécessairement
sacrifier l'une à l'autre, sans que cet inconvénient fût
compensé par aucune réduction de dépenses. La sujétion seule de réunir toutes les eaux dérivées pour ce
double usage, dans un même canal couvert, grèverait
la partie réservée à l'arrosage d'un surcroît de frais
bien supérieur à l'économie résultant de la réunion
de deux canaux en un seul. Sans vouloir contester les
avantages plus ou moins réels que les territoires de
Nimes et des localités voisines pourraient retirer de
l'établissement d'un canal d'arrosage, nous croyons que
cette entreprise doit rester essentiellement distincte ;
et les tentatives faites pour concilier les deux intérêts
n'ont pas peu contribué à retarder l'exécution des travaux ayant pour but l'approvisionnement de la ville
de Nimes.

III. Adduction des eaux.

Quelles que soient la nature et l'origine des eaux employées, les procédés d'adduction sont les mêmes. Les
eaux doivent être amenées du lieu de départ au lieu
d'arrivée dans des conduites fermées, autant que possible enfouies sous le sol, à une profondeur suffisante

pour conserver leur fraîcheur initiale, ou leur faire
acquérir la température moyenne du sous-sol traversé.

Les conduites d'amenée sont de deux sortes, libres
ou forcées.

Les premières, à pente continue, dans lesquelles les
eaux s'écoulent au contact de l'air, bien que dans
des aqueducs en général souterrains, sont assujéties
à suivre tous les contours du sol, à moins d'ouvrages
plus ou moins dispendieux, soit pour franchir les
dépressions des vallées par des aqueducs en maçonnerie; soit pour traverser les coteaux de faîte par des
souterrains.

Les conduites forcées, habituellement métalliques,
dans lesquelles les eaux contenues par des parois inva-
riables, s'écoulent en vertu de la différence de niveau
existant entre leurs extrémités, peuvent épouser tous
les reliefs du terrain, plonger dans les dépressions
les plus profondes, et remonter au-delà sans être soumises à d'autre sujétion que de rester en tout lieu
au-dessous de la ligne idéale réunissant les deux points
de départ et d'arrivée.

Les anciens, peu versés dans les lois de l'hydraulique, ne pratiquaient guère que le premier système,
bien qu'ils connussent le principe des conduites forcées
et s'en soient parfois servi pour traverser quelques
vallées. Mais ayant peu de confiance dans les tuyaux
de plomb, les seuls qu'ils pussent employer à cet usage,
ils préféraient en général recourir aux aqueducs en

maçonnerie, dont les ruines gigantesques isolées dans nos campagnes ont surtout contribué à nous donner une aussi haute idée de leur puissance.

De nos jours, grâce aux progrès de la métallurgie, à la substitution de la fonte au plomb dans les conduites, on doit, suivant les circonstances, allier les deux systèmes : adopter le tracé en ligne de pente, les galeries maçonnées, pour toute la partie du parcours où l'on peut s'asseoir sur un terrain solide ; réserver les conduites forcées pour la traversée des vallées profondes.

On évite ainsi, sauf le cas des dérivations très-importantes, les grands aqueducs extérieurs, dont la dépense croît très-rapidement avec la hauteur à franchir. L'inconvénient des souterrains est en général beaucoup moindre, si le terrain ne présente pas de difficultés spéciales. A raison de la dimension relativement petite des percées à ouvrir, il ne s'agit le plus souvent que de simples galeries de mine, dont le prix par mètre courant peut être apprécié à l'avance avec une grande approximation.

Par un judicieux usage des conduites libres ou forcées, on peut toujours amener au lieu d'emploi, sans trop grands frais, une quantité d'eau suffisante aux besoins d'une ville, à la condition de pouvoir disposer d'une pente convenable. De là, deux systèmes de dérivations, naturelles ou artificielles.

Les dérivations naturelles, lorsqu'on peut les obtenir, sont de beaucoup les plus avantageuses. Le travail une fois terminé, la distribution s'entretient d'elle-même indéfiniment, presque sans frais. Sa puissance n'est limitée que par le débit variable des cours d'eau alimentaires.

Les sources naturelles sortant parfois du sol à une hauteur bien supérieure à celui du fond des vallées voisines, offrent de précieuses ressources lorsqu'elles sont assez abondantes ; mais on ne saurait compter en trouver de semblables en tous lieux. Leur volume, en général très-limité, est sujet à un appauvrissement dans les saisons sèches d'étiage, qui sont précisément celles où les besoins de la consommation sont les plus grands.

Le même inconvénient n'existe pas, sans doute, pour les dérivations naturelles prenant leur origine dans de grandes rivières dont le débit est le plus souvent de beaucoup supérieur aux besoins à desservir. Mais leur pente est ordinairement très-faible; pour atteindre une hauteur suffisante, il faut remonter fort loin dans le cours de la vallée, et leur emploi finit presque toujours par amener des dépenses très-considérables.

Nous savons aujourd'hui, ce que les anciens ignoraient à peu près complètement, suppléer au défaut de hauteur, par l'emploi de machines élévatoires. En dépit du préjugé qui s'attache encore, dans beaucoup d'esprits, à ce mode de dérivation, les distributions alimentées par machines font un service très-régulier. Elles permettent d'élever l'eau à toute hauteur, non-seulement à celle qu'exigent rigoureusement les besoins de la distribution, mais bien au-dessus, si l'on trouve dans cette combinaison l'avantage d'atteindre, au prix d'une plus grande dépense de force, des régions présentant de plus grandes facilités pour l'établissement des conduites d'amenée. Nous en aurons un exemple dans l'exposé du projet que nous présentons aujourd'hui.

Pour une distribution d'eau régulière, on ne peut guère compter que sur deux sortes de moteurs : les machines à vapeur et les machines hydrauliques.

Les premières ont l'avantage de pouvoir s'établir en tous lieux, de donner toute la force qu'on peut désirer ; mais ces facilités sont malheureusement achetées au prix de très-lourds sacrifices, à raison de la consommation de charbon, de l'entretien et de la surveillance continue que demandent de telles machines. Bien qu'on en ait beaucoup perfectionné le système, que la dépense en charbon, dans les bons appareils élévatoires, soit réduite aujourd'hui à moins de moitié de ce qu'elle était autrefois, à 2 kil. 50 ou 3 kil. par heure et par cheval vapeur, calculé en effet utile, les frais n'en sont pas moins encore énormes, pour les grandes masses d'eau que réclame, dans l'état actuel, un service convenable de distribution.

Ces frais croissent à très-peu près proportionnellement avec la quantité d'eau à élever, et la hauteur à laquelle elle doit être refoulée. Pour donner une idée de ces dépenses, nous avons cru devoir prendre, pour terme de comparaison, les deux établissements de ce genre les plus récents et les plus soignés qui aient été établis en France, ceux de Lyon et de Bordeaux, auxquels nous avons joint, bien qu'il ait une importance beaucoup moindre, celui de Cette, dont nous avons personnellement dirigé les travaux.

Le tableau ci-après nous donne les chiffres du budget du service d'entretien des machines à vapeur, dans ces diverses villes, d'après les chiffres officiels de 1863, communiqués par les ingénieurs chargés des services.

| DÉSIGNATION | DÉPENSES ANNUELLES | | | | QUANTITÉ d'eau montée en 24 heures. | HAUTEUR. | UNITÉS DE FORCE | | PRIX de |
DES VILLES.	en charbon.	en personnel.	en réparations et faux frais.	TOTALES.			partielle.	TOTALE.	L'UNITÉ.
Bordeaux.....	fr. 10,000	fr. 6,600	fr. 3,400	fr. 20,000	m. 8000 / 400	m. 12 / 29	96 / 11,6	107,6	fr. c. 186 89
Lyon........	117,000	33,000	17,000	167,000	19954 / 2778 / 603	48 / 95 / 133	957,79 / 263,91 / 80,199	1301,9	128 26
Cette........	13,000	4,000	4,000	21,000	2500	40	100,00	100	210 00

En prenant pour unité de force celle qui est nécessaire pour élever journellement 1,000 mètres cubes d'eau à 1 mètre de hauteur, on voit que le prix de revient annuel de cette unité, variable avec la quantité, ne s'élève pas à moins de 129 fr. pour l'établissement de Lyon, le plus important des trois. A Nimes, où le charbon est plus cher qu'à Lyon, la dépense serait relativement plus grande. En prenant toutefois pour base d'application ce prix minimum, dans l'hypothèse de 25,000 mètres cubes à puiser journellement, soit dans le Gardon, soit dans le Rhône, à une profondeur de 50 à 60 mètres, nécessaire pour atteindre le niveau de l'aqueduc Romain, la dépense annuelle n'irait pas à moins de 165 à 195,000 fr. Elle représenterait un capital engagé de 3 ou 4 millions, en dehors de tous frais d'amortissement pour la construction des machines, l'établissement des conduites d'amenée et de distribution en ville, et autres ouvrages.

Les machines hydrauliques, lorsqu'on peut disposer d'un moteur puissant, sont bien préférables sous le rapport de l'économie. Leurs frais de premier établissement sont, en général, beaucoup moindres, et, une fois construites, leurs dépenses d'entretien sont des plus minimes. Nous n'avons pas cru indispensable de nous procurer à cet égard des chiffres officiels, comme ceux que nous venons de produire pour les machines à vapeur. Il nous suffira, pensons-nous, de citer un exemple qui nous est propre, celui des deux machines de Gignac et de Cette, que nous avons eu à faire établir récemment et qui ont été faites par le même constructeur.

. La première, mise en jeu par les eaux de l'Hérault, élève journellement 2,500 mètres cubes d'eau à 63 mètres de hauteur ; ses frais annuels d'entretien , réduits au salaire d'un gardien payé 400 francs par an et à quelques menues fournitures d'huile ou de cuir, ne vont pas en tout à 1,000 francs. La seconde, élevant par la vapeur la même quantité d'eau à une hauteur de 40 mètres , moindre de plus d'un tiers , exige un budget de 22,000 francs. En tenant compte de la différence des hauteurs d'élévation , le rapport est , comme on le voit, inférieur à 1/30e, et doit certainement se maintenir dans des proportions à peu près analogues pour des établissements plus importants [1].

Lorsqu'il s'agit de grandes masses d'eau à élever à une hauteur considérable, les machines à vapeur sont une ressource fort coûteuse, dont les frais annuels doivent entrer en très-sérieuse ligne de compte dans la comparaison des frais d'établissement. Les machines hydrauliques , au contraire , peuvent lutter avec grands avantages contre les dérivations naturelles , bien qu'elles aient l'inconvénient d'être soumises à

---

[1] A Philadelphie, où les deux systèmes de moteurs sont employés à la fois, le prix d'élévation du mètre cube d'eau ne varie que dans le rapport de 1 à 11, au lieu de 1 à 30. Cette différence doit tenir à la nature des machines employées aux États-Unis, qui sont des turbines à marche rapide, nécessitant de moindres dépenses de construction, mais des frais d'entretien beaucoup plus grands que les roues lentes de côté, auxquelles nous proposerons de recourir pour l'alimentation de Nimes.

des chômages plus ou moins fréquents, par suite des crues et des débacles de glace; éventualités contre lesquelles on peut aisément se prémunir par l'établissement de réservoirs assez considérables pour subvenir aux interruptions du travail. Nous ne parlons pas des réductions de force motrice résultant de l'appauvrissement des cours d'eau en temps d'étiage , car nous admettons seulement le cas de forces illimitées ou toujours supérieures aux besoins , telles que celles que fournit l'Hérault aux machines de Gignac , que nous citions tout à l'heure , que fournira le Rhône aux ma-chines de Nimes dans notre projet.

IV. Énumération et examen des divers projets présentés.

Nous venons de voir que les divers systèmes auxquels on peut recourir pour desservir une distribution d'eaux potables, se ramènent à quatre types principaux, qui sont : les dérivations naturelles d'eaux de source ou de rivière plus ou moins filtrées au départ , et les dérivations artificielles au moyen de machines à vapeur ou de machines hydrauliques.

Il nous reste à examiner les nombreux projets déjà présentés pour la ville de Nimes , qui se rattachent tous à l'un ou à l'autre de ces quatre systèmes, auxquels nous conserverons l'ordre que nous venons d'établir.

La ville de Nimes est située sur un terrain peu

accidenté, au pied d'un coteau sur le penchant duquel se prolongent ses maisons les plus septentrionales. Le coteau n'est lui-même qu'une dernière ramification des grands plateaux calcaires adossés aux montagnes granitiques du midi de la France. Ces plateaux calcaires sont toujours éminemment perméables. Les eaux pluviales s'infiltrent en majeure partie dans leurs cavités souterraines, vastes réservoirs où elles se concentrent pour alimenter des sources abondantes qui jaillissent habituellement aux points les plus bas de la ligne de séparation du calcaire et du terrain tertiaire. Telle est l'origine de la source de la Fontaine ou de Nemausus, à l'existence de laquelle la vieille colonie Romaine a dû, sans aucun doute, son premier établissement. Mais cette source, dont le point d'émergence est peu élevé au-dessus du sol de la ville, dont le débit, sujet à s'appauvrir en été, descend parfois au-dessous de 900 mètres par 24 heures, ne saurait suffire aux besoins d'une cité importante, et, dès les premiers temps de sa fondation, Nimes a dû se poser le problème qui se reproduit aujourd'hui : l'établissement d'une nouvelle distribution d'eaux suppléant à l'insuffisance de la source locale.

La question est la même à dix-huit siècles de distance ; mais nous avons pour la résoudre des ressources que les anciens ne possédaient pas. Avec leurs connaissances bornées en hydraulique, ignorant à peu près complètement l'art d'utiliser les forces mécaniques, ils ne pouvaient recourir qu'à la dérivation des sources

ou rivières naturelles; et c'est au premier de ces procédés que se rattache le canal d'amenée des eaux de
la source d'Eure, qui, plus abondante que celle de
Nemausus, sort également des calcaires aux environs
d'Uzès.

Le magnifique aqueduc construit par les Romains,
après avoir fonctionné pendant plusieurs siècles, a été
détruit ou abandonné à la suite de l'invasion des Bar-
bares, dans un temps de misère et d'incurie, où man-
quait tout lien social; mais il n'a pas entièrement
disparu. A part le gigantesque ouvrage du pont du
Gard qui, conservé dans toute son intégrité, atteste encore à nos yeux la puissance d'une civilisation passée,
les vestiges de cet aqueduc enfouis sous le sol se retrouvent à peu près sur tout son parcours. Les voûtes
et les pieds-droits ont parfois servi de carrières aux
populations voisines; mais le radier est partout à peu
près intact.

Le premier projet qui a dû se présenter à l'esprit
était naturellement la restauration pure et simple de
l'ancien aqueduc. Ce que les Romains avaient construit, nous saurions d'autant mieux le refaire, que
nous pourrions utiliser une partie des travaux existants; mais malheureusement la question se complique
de l'emploi nouveau qu'ont reçu les eaux de la source
d'Eure, qui donnent la vie à un groupe important d'établissements industriels. Que cette usurpation des anciens droits de la ville de Nimes soit ou non couverte
par une prescription dix fois séculaire, elle n'en con-

stitue pas moins un fait contre lequel il serait très-difficile, nous dirons même très-regrettable, d'avoir à réagir.

En admettant le principe de l'expropriation, une indemnité pourrait sans doute désintéresser les possesseurs actuels des usines; elle n'en aurait pas moins pour résultat d'anéantir une partie de la richesse publique. A prix égal, entre deux projets présentant d'ailleurs les mêmes avantages pour la ville de Nimes, celui de la source d'Eure devrait être écarté dans l'intérêt général. A cette considération capitale s'en rattachent deux autres, tirées de l'insuffisance du débit en étiage et de la qualité des eaux au point de vue de la conservation des ouvrages. D'une part, le produit de la source d'Eure paraît descendre parfois bien au-dessous de 10,000 mètres cubes par jour; d'un autre côté, les dépôts calcaires avaient, en dépit des travaux incessants d'entretien dont on reconnaît les traces, à peu près complètement obstrué l'ancien aqueduc. Le même inconvénient se reproduirait dans la cuvette restaurée, et aurait des résultats bien plus désastreux encore dans les conduites de la distribution intérieure.

En dehors de la source d'Uzès, les ressources disponibles ne manquent pas, ainsi que le prouve la multiplicité des projets présentés. Ce n'est pourtant ni dans la région de l'ouest, où ne se trouve aucune rivière importante, bien moins encore dans la zone méridionale, dont les faibles ondulations, totalement dénuées de cours d'eau, se prolongent jusqu'au littoral, qu'on pourrait les rencontrer, mais bien dans le bassin du Rhône et de ses affluents les plus immédiats : l'Ardèche, la Cèze, et en dernier lieu le Gardon, dans lequel viennent tomber les eaux de la source d'Eure.

C'est du Rhône même que partent les principaux projets de dérivation directe. Par la pente relativement considérable de son cours, par l'abondance de ses eaux, ce beau fleuve se prêtait mieux qu'aucun autre à un travail de ce genre ; aussi a-t-on cédé à la tentation de vouloir lui emprunter la quantité d'eau nécessaire, non-seulement à l'approvisionnement de la ville de Nimes, mais à l'irrigation d'un territoire étendu, tant à l'amont qu'à l'aval.

Nous avons déjà exposé les motifs pour lesquels il nous paraissait que les eaux d'approvisionnement et d'arrosage, ayant des destinations distinctes, devaient donner lieu à des ouvrages séparés. Nous ne contestons pas d'une manière générale les avantages que peut procurer l'irrigation dans nos contrées du Midi ; mais il faut qu'elle soit appropriée aux véritables intérêts de la culture. Si nous comprenons qu'elle soit indispensable dans les terrains meubles ou peu profonds, tels que ceux qui constituent les plaines de diluvium du Comtat et du Roussillon, elle n'a plus aucune raison d'être dans nos plaines argilo-marneuses du Gard et de l'Hérault, où la culture si productive de la vigne tend à se généraliser de plus en plus. Un canal d'irrigation continué du Pont Saint-Esprit ou du Pouzin jusqu'à Aigues-Mortes ou à Cette, ne rencontrerait

que très-peu de terres réellement arrosables, et ne per-
cevrait certainement pas, en l'état, des revenus suffi-
sants pour couvrir ses frais d'entretien.

La construction d'un semblable canal, nécessairement à grande section, présenterait d'ailleurs d'énormes
difficultés, non-seulement à raison de la configuration
topographique de la contrée, coupée par de nombreuses
et profondes vallées nécessitant une série continue de
grands aqueducs et de souterrains, mais par suite de
la constitution géologique du sol, presque uniquement
composé de plateaux calcaires remplis de cavités souterraines dans lesquelles s'engouffreraient les eaux de
la dérivation.

On ne saurait apprécier à tant le mètre le prix d'un
ouvrage de cette nature, en le comparant aux travaux
exécutés dans un terrain présentant un relief en apparence analogue, sans tenir compte de cette circonstance
exceptionnelle, inhérente à tous les sols caverneux et
fissurés.

Dans une contrée voisine de la nôtre, dans la vallée
de l'Èbre, des terrains de cette espèce ont depuis
deux siècles résisté à toutes les tentatives faites pour
prolonger en aval de Sarragosse le canal d'Aragon.
Des difficultés semblables se sont rencontrées plus
récemment et n'ont été surmontées qu'au prix de très-
grands sacrifices, sur le canal de la Marne au Rhin.
Enfin, comme dernier exemple, nous pourrons citer
le canal de Lannemezan, dérivé de la Neste pour

l'alimentation des rivières du Gers. Sa longueur totale est de 28 kilomètres, dont les sept premiers dans le calcaire et les autres dans les argiles du terrain diluvien. Le prix de revient s'est élevé jusqu'ici à plus de 100 francs le mètre dans la première région et n'a pas atteint 13 francs en moyenne dans la seconde. Celle-ci cependant est en parfait état, tandis que l'on ne peut introduire les eaux dans l'autre, sans les voir disparaître dans de vastes entonnoirs qui, jusqu'à ce jour, ont déjoué tous les efforts des ingénieurs. Le canal a été établi pour une portée normale de 6 à 7 mètres cubes à la seconde. Il n'a jamais conduit plus de 3 mètres, et l'été dernier son débit se trouvait même réduit à moins de 1 mètre Pour obtenir un résultat définitif, il faudra sans aucun doute doubler la dépense dans la traversée des calcaires, la porter à 200 francs le mètre; et cependant on ne rencontre sur ce parcours ni grands aqueducs , ni souterrains analogues à ceux que nécessiterait la traversé de tous les affluents de la rive droite du Rhône et des contreforts qui les séparent.

Loin d'exagérer, nous croyons rester bien au-dessous de la vérité en évaluant à 300 francs le mètre en moyenne ce que coûtrait un canal établi dans cette région, pour un approvisionnement de 5 à 6 mètres cubes; encore ne parlon nous que d'un canal découvert à l'air libre, analogue celui qui conduit à Marseille les eaux de la Durance Les dépenses seraient bien autrement considérables s'il fallait voûter le canal et l'enfouir sous le sol, pour conserver aux eaux la fraî-

cheur et la limpidité qu'il serait en tout cas très-difficile
de leur assurer au départ.

Ces difficultés spéciales présentées par les terrains
calcaires , n'ont plus la même importance pour les
aqueducs à petite section, tels que les comporte l'ap-
provisiônnement d'une ville., simples tubes en maçonnerie, à parois imperméables, qui n'ont besoin de
trouver qu'un point d'appui sur le sol. Mais il est
inutile d'insister sur ce point : la question ne fait plus
aucun doute aujourd'hui. Des projets de grande dérivation empruntés au Rhône, il ne reste plus qu'une
concession assez ancienne déjà pour avoir fait toutes
les preuves possibles de son impuissance, et la ville
de Nimes n'a plus qu'à hâter de tous ses efforts une
déchéance qui ne peut tarder à lui rendre sa liberté
d'action.

Les dérivations naturelles mises à l'écart, restent
les dérivations artificielles par machines, et en premier lieu par machines à vapeur, qui paraissent avoir
repris faveur dans l'opinion de certaines personnes.

Une première combinaison dans ce sens avait été
proposée par M. Talabot et étudié par M. Dombres,
pour le refoulement dans l'aqueduc Romain des eaux
du Gardon prises au moulin Lafoux.

Un nouveau projet a été présenté plus récemment
par M. Dumont, pour une prise des eaux filtrées du
Rhône à Beaucaire. Une troisième enfin a été indiquée,
croyons-nous, pour l'emploi des eaux naturelles du
canal de Beaucaire, à prendre près Saint-Gilles.

, Rien n'est sans doute plus facile en principe que d'élever des eaux au moyen de machines à vapeur; mais la difficulté principale, qui ne peut avoir manqué de frapper les esprits, bien qu'on ne s'en soit peut-être pas toujours assez rendu compte, est le prix annuel des frais d'entretien et de surveillance, croissant à peu près proportionnellement avec la masse et la hauteur d'élévation des eaux dérivées.

Une combinaison qui serait acceptable de tous points, s'il ne s'agissait que d'amener à Nimes 3 à 4000 mètres cubes d'eau par jour, cesserait de l'être du moment où l'on parlera de porter le débit de 20 à 30,000 mètres.

Nous avons déjà dit quel était le prix de revient de l'eau élevée par máchines à vapeur. Nos chiffres sont établis sur des documents authentiques, que nous devons à la communication des ingénieurs chargés du service de la distribution de Lyon et de Bordeaux. Ils fournissent une base certaine d'après laquelle on ne saurait estimer à moins de 200,000 francs la dépense annuelle qu'entraînerait le seul service de l'élévation des eaux prises dans les filtrations du Rhône à Beaucaire, ainsi que le propose M. Dumont.

Nous savons bien qu'à l'exécution, ce chiffre serait diminué par une réduction dans le volume de l'eau fournie. Lyon ne consommant aujourd'hui que 23,000 mètres cubes d'eau par jour en moyenne, Nimes, dont la population est cinq fois plus faible, se contenterait forcément d'une quantité moindre, du moment où l'on ferait payer l'eau aux concessionnaires sur un même prix de revient.

Tel est en réalité, croyons-nous, un des inconvénients essentiels d'une distribution alimentée par la vapeur. La question d'économie y est une préoccupation constante. Toute déperdition d'eau qui n'est pas suffisamment justifiée est considérée comme une prodigalité, et, de peur de gaspillage, on se réduit involontairement au-dessous des besoins réels.

Les machines hydrauliques ne présentent pas les mêmes inconvénients. Non-seulement leur construction est bien moins coûteuse; mais, une fois établies, elles n'exigent presque aucun frais d'entretien et de surveillance, et l'on peut les faire marcher de jour et de nuit à pleine force, sans s'inquiéter d'économiser un moteur qui ne coûte rien.

Nous avons déjà, dans ce Mémoire, cité les grands travaux récemment exécutés dans différentes villes des États Unis. Dans un pays où cependant on sait, mieux que dans tout autre, apprécier les services que peut rendre la vapeur, on ne s'est pas un moment arrêté à en faire usage pour un emploi qui, à raison des grandes forces qu'il exige, nécessite avant tout que ces forces soient à peu près gratuites [1].

Les machines à vapeur, par leur consommation en charbon, les frais excessifs d'entretien et de surveil-

---

[1] Huet; *Eaux de New-York et et Washington.* (*Annales des ponts et chaussées,* 1863.)

lance qu'elles exigent, sont toujours une lourde charge
sans amortissement possible, qui grève indéfiniment
l'avenir; aussi ne doit-on les employer que lorsqu'il
s'agit de forces relativement minimes.

Dans tous les projets présentés pour les villes de
New-York, Boston, Washington, on n'a mis en regard
que les dérivations naturelles et les machines hydrauliques; et, bien que les premières aient été en général
adoptées, par suite de circonstances locales qui les
rendaient possibles, les dernières n'en ont pas moins
été admises à Philadelphie. Dans les autres localités,
elles ont donné lieu à des propositions sérieuses, ten-
dant à se procurer des chutes suffisantes au moyen de
grands travaux, tels que le barrage de l'Hudson à
New-York, et la dérivation des petites chutes du
Potomac à Washington.

Toute la difficulté est en effet de se procurer le moteur hydraulique, question dont on paraît s'être peu
préoccupé à Nimes. Les études faites sur le Gardon
ont été en quelque sorte négatives, en démontrant
l'impossibilité d'emprunter une force suffisante à cette
rivière, dont la pente est peu considérable, et dont le
débit ne dépasse pas 1500 litres à l'étiage. Mais per-
sonne, que nous sachions, n'avait songé à emprunter le
moteur au Rhône, dont le débit est toujours supérieur
à 300 mètres par seconde, et dont le lit, divisé par de
longues îles, se prête mieux que celui d'aucun autre
fleuve à l'établissement d'un barrage complet ou partiel,

analogue à celui qui, sur la Seine, fait mouvoir les belles machines hydrauliques de Marly.

Ces considérations n'auraient pas manqué de nous frapper si nous avions été appelé à nous occuper plus tôt de la question des eaux de Nimes ; mais le hasard nous a fait reconnaître que les ouvrages spéciaux que nous aurions sans doute proposé de construire, étaient déjà tout faits ; qu'il existait en tête de l'île de la Barthelasse un barrage établi pour les besoins du service de la navigation, qui depuis bien des années rendait disponible, dans les meilleures conditions désirables de régularité et de facile appropriation, une force de plus de 3,000 chevaux, à laquelle aucun emploi n'avait été trouvé jusqu'à ce jour.

La solution du problème était trouvée pour nous, et nos prévisions à cet égard, consignées dans une lettre que nous avons eu l'honneur d'écrire à M. le Maire de Nimes, à la date du 18 août 1864, ont été confirmées au-delà de toutes nos espérances, par les études dont nous venons aujourd'hui faire connaître le résultat.

SECONDE PARTIE

DESCRIPTION DU PROJET.

V. Bâtiments et machines de prise d'eau.

Notre projet consiste essentiellement à utiliser une partie de la chute perdue des eaux du Rhône au barrage de la Barthelasse, pour mettre en jeu des roues hydrauliques refoulant au moyen de pompes une quantité convenable des eaux de filtration de la vallée, sur le coteau le plus voisin de la rive droite. De ce point un aqueduc en maçonnerie, longeant le flanc des collines qui séparent le Rhône du Gardon, viendra aboutir près de Fournès, où sera établi un réservoir de capacité suffisante pour parer aux éventualités de chômage. Un siphon en tuyaux de fonte, traversant le Gardon, conduira ensuite les eaux au point le plus rapproché de l'aqueduc Romain, dont la cuvette sera restaurée jusqu'à Nimes, sur une longueur de 20 kilomètres environ à partir de Sernhac.

Le barrage de la Barthelasse est établi sur le bras droit du fleuve, en amont d'une île de 8 à 10 kilomètres de longueur, suivant laquelle la pente naturelle du

Rhône est de 5 mètres à l'étiage. Il se rattache sur la droite à la digue à peu près insubmersible du Rhône, et sur la gauche à la tête des digues de la Barthelasse, qui ne sont submersibles que dans les très grandes crues La longueur du barrage, peu considérable par rapport à la section totale des deux bras du Rhône, n'est que de 50 mètres.

Cet ouvrage constitue donc un véritable pertuis, circonstance des plus heureuses, qui tend à régulariser la chute et à lui maintenir une hauteur considérable, même pendant les crues.

Dans les conditions les plus habituelles, un barrage établi en travers d'une rivière produit une chute dont le maximum correspond à l'étiage, et dont la hauteur nette diminue rapidement à mesure que s'élève le niveau des eaux.

Dans la plupart des cas une crue de 2 mètres suffit pour noyer à peu près complètement le barrage et en supprimer la chute motrice. Cet inconvénient est beaucoup moindre lorsque, le cours d'eau étant naturellement divisé en deux bras parallèles, le barrage n'existe que sur l'un d'eux. Au barrage de Marly, ainsi établi sur la Seine, la différence de niveau entre les deux biefs d'amont et d'aval, qui est de 2^m,66 à l'étiage, se réduit à 1^m,81 pour une crue de 2^m,39 et est encore de 0^m,72 pour une crue de 4^m à l'aval. Les conditions sont encore plus avantageuses au barrage de la Barthelasse. D'après le relevé des observations journalières faites en 1861, dont nous devons la communication à l'obligeance de M. l'ingénieur Rondel, la chute de ce barrage n'est que de 1ᵐ,47 à l'étiage ; mais, loin de diminuer d'une manière progressive à mesure que s'exhausse le niveau d'aval, elle s'élève d'abord graduellement, pour atteindre son maximum 1ᵐ,65, correspondant à une crue de 1ᵐ,50, et décroît ensuite lentement, de manière à conserver encore des hauteurs de 1ᵐ,40 et de 0ᵐ,90 pour des crues respectives de 2ᵐ,50 et de 4ᵐ. Négligeant les jours pendant lesquels le niveau des eaux se maintient à plus de 2ᵐ,75 au-dessus de l'étiage, qui n'ont été que de huit pendant l'année 1861, on voit qu'on peut disposer dans l'état normal d'une chute régulière variant de 1ᵐ,40 à 1ᵐ,65 pendant 357 jours de l'année, avec un volume que l'on peut considérer comme illimité quant à l'emploi qu'on veut en faire, circonstance des plus favorables à l'établissement des machines hydrauliques.

L'existence de la digue insubmersible de la rive droite rend d'ailleurs la dérivation des plus faciles ; car il suffira d'établir dans cette digue deux percées munies de vannes de garde, l'une immédiatement en amont du barrage pour la prise, l'autre à 60 ou 80 mètres à l'aval pour le fuyant.

Quant aux moteurs à choisir, nous n'avions à hésiter qu'entre les turbines et les roues à palettes ou roues de côté, les seules qui soient susceptibles d'utiliser une pareille chute. Pour faire connaître les motifs qui ont déterminé notre préférence pour les roues

de côté, nous ne pouvons mieux faire que de reproduire un extrait du rapport en date du 15 février 1855,
de M. Regnault, de l'Institut, consulté par l'administration de la liste civile sur les meilleures conditions
d'établissement des nouvelles machines de Marly.

«Quant aux moteurs hydrauliques, on ne peut hésiter qu'entre les turbines et les roues à palettes. Ces
deux moteurs présentent des avantages et des inconvénients, qui doivent faire donner la préférence aux
uns ou aux autres, suivant les circonstances.

» Les turbines, dont la construction est aujourd'hui
très perfectionnée, s'appliquent principalement aux
grandes chutes et aux chutes moyennes, et à des vo-
lumes d'eau peu considérables. Pour produire leur
maximum d'effet, elles ont besoin de marcher avec
une certaine vitesse qui dépasse beaucoup, en tout
cas, la vitesse qu'il serait prudent de ne pas dépasser
pour nos pompes. Dans les conditions qui leur sont
favorables, les turbines produisent un plus grand effet
utile que les roues de côté, elles peuvent marcher
dans des circonstances où les roues verticales sont
arrêtées, c'est-à-dire par les hauteurs d'eau pour lesquelles les roues sont noyées et lorsque la rivière
charrie des glaçons.

» Les roues de côté ne prendront que la vitesse convenable pour faire marcher les pompes ; ainsi, elles
n'exigeront pas, comme les turbines, l'interposition
d'engrenages pour diminuer la vitesse, qui occasion-

nent toujours des pertes notables de force et exigent des dépenses d'établissement et d'entretien.

» Les roues sont d'une construction plus facile; elles peuvent être exécutées immédiatement par des entrepreneurs de charpente, sous la direction des ingénieurs des eaux de Versailles ; tandis que pour les turbines, l'administration sera nécessairement obligée d'avoir recours à un mécanicien spécial. L'entretien des roues est très-simple, celui des turbines est beaucoup plus compliqué.

» Les avantages que les turbines présentent sur les roues verticales, me paraissent illusoires dans les conditions spéciales où nous nous trouvons placés. Une longue expérience faite à la machine de Marly, a montré que les roues de côté ne chôment moyennement que pendant deux mois de l'année, et que le chômage total n'a jamais atteint trois mois. J'admets que les turbines chômeront encore moins ; mais je crois que pendant les jours où elles marcheront et où les roues seraient arrêtées, les turbines produiront un effet insignifiant. En effet, le chômage des roues ne se présente que dans les grandes eaux. Or, dans ce cas, la hauteur de la chute est réduite à quelques décimètres, mais la masse d'eau est très-considérable. Les turbines pourraient encore donner alors un travail notable, si nous pouvions leur laisser prendre de la vitesse, afin de débiter une grande quantité d'eau ; mais cela nous est défendu à cause du jeu de nos pompes. Les turbines ne donneront donc, pendant les fortes eaux, qu'un travail insignifiant.

» En résumé, les conditions où nous nous trouvons au barrage de Marly, me paraissent éminemment défavorables aux turbines. Je doute fort que, même dans les circonstances les plus propices, c'est-à-dire par les eaux moyennes, les turbines puissent, avec la faible vitesse de rotation que nous pouvons leur donner, débiter l'énorme volume d'eau que leur fournira la chute. Je pense donc qu'il faut adopter les roues de côté, dont la construction peut être dirigée immédiatement par les ingénieurs des eaux, qui reviendront à meilleur marché, au moins pour l'entretien, et dont l'emploi est plus en rapport avec la nature des vitesses que nous avons à produire. »

Ces considérations, applicables au barrage de Marly, le sont bien plus encore à celui de la Barthelasse, dont la chute est à la fois moins considérable à l'étiage et beaucoup plus uniforme. Nous avons donc admis en principe les roues à aubes planes ; mais dans les détails du projet, nous avons cru devoir nous écarter des dispositions habituelles en pareil cas, pour nous rapprocher du système des roues dites roues vannes, employées pour la première fois par M. Sagebien, sur la Mayenne, et dont la description se trouve dans les *Annales des Ponts et Chaussées* (année 1858). Le principe de ces roues consiste essentiellement à donner à la couronne des aubes une très-grande hauteur et à la faire plonger dans le bief d'aval, d'une quantité précisément égale à l'épaisseur de la lame d'eau introduite. Cette introduction de l'eau se fait d'ailleurs par déversoir, son débit étant réglé par les variations de niveau du seuil de la vanne de prise, qui se ferme de bas en haut et non de haut en bas, comme dans les autres roues.

On conçoit que dans de telles conditions, l'eau n'agissant que par son poids, sans qu'il y ait d'autre force motrice perdue que celle qui est absorbée par le frottement dans les canaux, ou qui sert à engendrer la vitesse d'introduction, le rendement en effet utile soit très-considérable.

Dans le mémoire rappelé plus haut, on cite des exemples dans lesquels, avec des vitesses très-faibles, il est vrai, ce produit utile s'est élevé jusqu'à 0,92 de la force motrice développée par la chute.

Ayant à notre disposition une force illimitée, nous n'avions pas besoin de nous restreindre à cette condition d'une très-faible vitesse, qui aurait exigé des dimensions démesurées dans les roues et les pompes. Nous avons admis au contraire que, dans les conditions normales du maximum de chute correspondant à une hauteur des eaux de $1^m,50$ au-dessus de l'étiage, cette vitesse serait de $1^m,20$ à la circonférence. Elle s'élèverait à un maximum de $2^m,20$ pour le cas de l'étiage, tandis qu'elle descendrait graduellement jusqu'à $0^m,60$ pour le cas des crues de $2^m,75$, au-delà desquelles nous pensons qu'il serait convenable d'arrêter les machines, bien qu'elles pussent à la rigueur donner encore un certain travail en cas de besoin.

Dans ces conditions, nous avons trouvé qu'il suffirait de quatre roues de côté ayant 14^m de diamètre, 2^m,70 de largeur et 2^m,50 de hauteur suivant les aubes, pour utiliser une force motrice largement suffisante aux besoins de la ville de Nimes. Ces roues, d'une construction très-simple et dont les dispositions ont été détaillées dans notre projet, seraient entièrement construites en fer et tôle, sauf les aubes, qui seraient en bois. Chacune d'elles mettrait en mouvement deux pompes horizontales aspirantes et foulantes, à double effet, au moyen d'une manivelle directement fixée au bouton de l'axe de la roue, et dont le rayon, variable au moyen d'un mécanisme très-simple, permettrait de régler la course suivant la force et la vitesse des roues dans chaque état des eaux de la rivière.

L'eau à élever proviendrait des filtrations des eaux du Rhône à travers les immenses bancs de graviers qui existent au-dessous des alluvions de sa rive droite.

Nul emplacement ne pourrait être plus avantageux sous ce rapport pour obtenir à très-peu de frais une quantité inépuisable d'eaux pures et parfaitement limpides. La pression du barrage, agissant sur les eaux de filtration, tendrait d'ailleurs à en régulariser le débit dans les galeries destinées à les recevoir.

Nous avons eu occasion de reconnaître par une longue expérience que la quantité d'eau filtrée dans une masse perméable alimentée par une source indéfinie, croissait bien plus avec la longueur des drains qu'avec leur surface ou leur diamètre. Au lieu de construire de vastes bassins de filtration très-coûteux, analogues à ceux qui ont été établis à Lyon dans le principe, et qui n'ont donné que des résultats insuffisants, nous proposerions comme beaucoup plus efficace une simple galerie maçonnée, de 100 mètres de longueur au plus, perpendiculaire au lit du fleuve, dans laquelle viendraient déboucher un nombre convenable de gros tuyaux de drainage de 0m,30 de diamètre environ, criblés de trous capillaires sur leurs parois.

La galerie serait fondée et les drains seraient posés à sec pendant l'étiage, en employant à l'épuisement la première roue mise en place, qui pourrait être disposée pour élever au moyen de pompes d'Apold un volume de 800 à 1,000 litres par seconde, triple au moins du volume définitif que l'on aurait à élever.

Les pompes d'Apold, à force centrifuge, qui sont des machines très-simples, peu coûteuses et d'un très-bon rendement pour des hauteurs ne dépassant pas 8 à 10 mètres, ne serviraient pas seulement à l'installation des drains. Il en serait posé définitivement trois, mises en jeu par une même roue motrice. L'une d'elles étant supposée en réparation, les deux autres devraient pouvoir suffire à élever les eaux de filtration à un niveau constant, dans un petit réservoir placé sous le péristyle d'entrée du bâtiment des machines, d'où partirait un tuyau alimentaire de 0m,70, conduisant di--

rectement l'eau dans les pompes, qui n'auraient plus ainsi d'aspiration à produire. Les deux pompes d'Apold disposées pour élever de 3 à 400 litres, à une hauteur moyenne de 7 à 8 mètres, utiliseraient environ la moitié de la force motrice de l'une des roues, qui ne mettrait dès-lors en jeu qu'une seule pompe élévatoire. Le nombre total des pompes serait ainsi réduit à sept pour les quatre roues.

Le niveau d'étiage d'aval étant à la cote 16ᵐ,40 environ, l'épuisement dans le bassin de filtration alimenté par la chute du barrage ne descendrait probablement jamais au-dessous de la cote 15 mètres. Le niveau des eaux dans le réservoir alimentaire pourrait être maintenu à la cote 23 mètres, soit à 1ᵐ,50 au-dessus de l'axe des pompes.

La conduite de refoulement traversant la plaine basse de la rive droite du Rhône, aurait une longueur de 2,800 mètres, y compris le tuyau ascensionnel posé sur le revers du coteau. Cette conduite serait en fonte et aurait 0ᵐ,65 de diamètre intérieur. La pose dans le terrain naturel n'occasionnerait aucune difficulté et n'exigerait d'autre ouvrage d'art que la construction d'un pont de 6 mètres d'ouverture sur la roubine de la Brassière, ancien bras du Rhône attéri, qui ne sert plus aujourd'hui que de fossé d'écoulement.

Nous avons cru devoir fixer à la cote 84 mètres le niveau de l'eau à l'origine de la galerie d'amenée, au débouché de la conduite de refoulement. La cote de l'aqueduc Romain n'étant que de 65 mètres à Sernhac, cette différence de niveau paraîtra peut-être un peu considérable. Mais à part la pente de l'aqueduc et la perte de charge du siphon pour la traversée du Gardon, elle devra comprendre une hauteur de dénivellation suffisante pour la manœuvre du réservoir régulateur de Fournés. Nous avons d'ailleurs reconnu que ce surcroît d'élévation, outre les commodités qu'il donnerait pour le service, aurait l'avantage d'atteindre dans la première partie du parcours de la galerie d'amenée, une zone de terrain infiniment plus facile que celui qu'on aurait rencontré à quelques mètres au-dessous.

Les plans, dessins et métrés joints au projet, et étudiés avec beaucoup de soin, donneront sur les dispositions du bâtiment et des machines des détails que nous croyons inutile de reproduire ici. Nous nous bornerons à résumer dans le tableau ci-après les chiffres principaux du travail normal qu'il nous paraîtrait convenable de demander aux machines dans les divers états des eaux du fleuve.

COTE DES EAUX dans le bief d'aval.	HAUTEUR de chute totale.	CHUTE réellement utilisée.	VITESSE de la roue.	DÉBIT TOTAL des 4 roues en mètres cubes.	COURSE VARIABLE du piston des pompes.	DÉBIT DES POMPES par journée de 22 heures ou 80,000 secondes.
m	m	m	m	m	m	m
0,00	1,47	1,074	2,20	24,00	0,87	19600
0,25	1,53	1,150	2,10	27,56	1,09	23520
0,50	1,60	1,528	1,80	27,85	1,48	27280
0,75	1,61	1,571	1,60	28,05	1,71	27920
1,00	1,64	1,460	1,40	28,03	2,06	29440
1,25	1,65	1,482	1,50	26,21	2,22	28160
1,50	1,62	1,455	1,20	24,29	2,29	25920
1,75	1,60	1,460	1,00	20,00	2,42	21680
2,00	1,51	1,407	0,90	18,17	2,09	19280
2,25	1,40	1,506	0,80	15,89	1,94	16000
2,50	1,30	1,495	0,70	15,26	1,73	12400
2,75	1,20	1,082	0,60	10,82	1,50	9280

Des machines à mouvement direct, comme celles que nous proposons d'établir, sans aucune transmission intermédiaire de mouvements, n'ayant d'autres frottements à surmonter que celui de l'arbre des roues dans les paliers et celui du piston dans les corps des pompes, doivent donner un très-grand rendement.

Nous croyons être resté plutôt au-dessous qu'au dessus de la vérité en l'estimant à 0,70 du travail de la chute réellement utilisée, déduction faite de toute la perte de charge due à la vitesse d'introduction de l'eau et aux frottements dans les canaux et les coursiers.

Nous aurions d'ailleurs à proposer une disposition particulière, qui nous paraîtrait propre à atténuer beaucoup le seul frottement un peu considérable qu'on aurait à vaincre : celui du piston dans le corps de pompe. A cet effet, nous voudrions établir des pistons pleins, mais qui, au lieu de glisser sur toute la surface du corps de pompe, ne feraient que porter sur des galets en acier fondu, roulant dans une ornière ou glissière en bronze incrustée suivant sa génératrice inférieure.

Si nous prenons pour terme de comparaison l'année 1861, la seule pendant laquelle il ait été fait des observations régulières sur la hauteur du Rhône, tant en amont qu'en aval du barrage, nous voyons que sur les 365 jours dont elle se composait, le travail utile se serait réparti ainsi que suit :

Jours.

Chômage pendant les crues inférieures, à 2,75....   9

Débit inférieur, à 19,000 mètres cubes par jour.   22

Débit compris entre 19,000 et 25,000 par jour...   57

Débit supérieur à 25,000 mètres, qui pourrait être

    aisément porté à 30,000 par jour........... 277

Total................ 365

La chute étant encore de $1^m,20$ pour une crue de $2^m,75$, et de plus de $1^m,00$ pour des crues de $3^m,50$, on pourrait sans doute, en adoptant des roues de plus grande dimension, s'arranger pour éviter les jours de chômage, ou en réduire le nombre ; mais nous croyons que cette disposition n'aurait aucun avantage réel qui pût compenser le surcroît de dépenses qu'il entraînerait. Il sera, en effet, nécessaire de se réserver quelques jours tous les ans pour le nettoyage et la visite de l'intérieur de l'aqueduc, et rien ne sera plus naturel que d'utiliser pour ces repos obligatoires le temps des crues, quand bien même leur durée se trouverait parfois notablement supérieure à celle qui a été observée en 1861, et qui, comme nous l'avons dit, n'a été que de 9 jours en tout.

VI. Description de la galerie d'amenée et restauration de l'aqueduc Romain.

Les eaux refoulées par les pompes seront réunies dans un aqueduc en maçonnerie, dont nous avons cru devoir faire relever avec soin le tracé sur le coteau qui

sépare le Rhône du Gardon. Ce coteau est essentiellement formé d'un noyau de calcaire néocomien , attei-
gnant 150 à 200 mètres dans ses parties les plus
élevées , sur les flancs duquel se retrouvent des lam-
beaux de terrains tertiaires, dont l'altitude est à peu
près celle de l'aqueduc, qui se trouvera par suite dans
des conditions de tracé beaucoup plus faciles qu'il ne
l'eût été dans toute autre zone , supérieure ou inférieure. Dans la partie qui domine Villeneuve , notamment , le tracé se développe sur un plateau parfaitement horizontal de mollasse ; tandis qu'à quelques
mètres plus bas , le flanc de la montagne est boule-
versé et sillonné d'inextricables ravines. Sur tout le
parcours du tracé on ne rencontre aucune dépression
de quelque importance à franchir, autre que le chemin de Pujault, nécessitant un pont ou aqueduc de
50 mètres de longueur, ayant au maximum 5^m sous
clé , la hauteur nécessitée par le passage de la voie
publique. En fait d'ouvrages extérieurs, on ne rencontre plus au-delà que cinq petits ponceaux sur un
nombre égal de ravines. Partout ailleurs l'aqueduc est
enfoui sous le sol , soit en ligne de pente à une profondeur uniforme de $1^m,50$ à $2^m,00$, soit en souterrain sous les contreforts. Le nombre et la longueur
de ces souterrains sont assez considérables. Ils ont ensemble une étendue de 6,700 mètres ; mais ils seront
en grande partie établis dans des roches néocomiennes,
d'extraction relativement facile, ne présentant aucunes
chances d'éboulement ou de filtrations qui pourraient

donner lieu à un surcroît de dépenses difficiles à prévoir à l'avance ; aussi n'avons-nous pas hésité à proposer de semblables souterrains, toutes les fois qu'ils avaient pour résultat de diminuer de moitié environ le parcours en ligne de pente.

La section intérieure de l'aqueduc serait une ellipse de $1^m,50$ de haut sur 1 mètre de large dans œuvre. Le profil circulaire aurait été préférable au point de vue de la solidité; mais le surcroît de hauteur nous paraîtrait nécessaire pour permettre aux ouvriers de parcourir plus aisément la galerie pour la nettoyer.

Cet aqueduc constituant un simple tube, qui n'aura d'autre pression à supporter que la poussée extérieure du terrain, ses parois pourraient être construites en maçonnerie de briques et ciment, n'ayant en épaisseur qu'une simple largeur de brique, soit $0^m,15$ au plus. La partie inférieure serait directement assise sur le terrain naturel convenablement dressé. Sur cette base on appuierait les cintres, et l'on élèverait la partie supérieure de l'aqueduc en remplissant les vides extérieurs avec les déblais de la fouille soigneusement pilonnés. Dans les souterrains seulement, le remplissage destiné à régulariser les vides et les anfractuosités produites par l'explosion des mines, serait fait en maçonnerie de chaux hydraulique.

Le type que nous proposons pour la galerie n'a d'ailleurs rien d'absolu. A l'exécution, il y aurait très-probablement lieu de le modifier en partie. Dans toute la traversée des terrains de mollasse, représentant au moins la moitié du parcours, on pourrait avec avantage substituer à la brique des pierres de taille de petit appareil, ou *cairons* posés au ciment, formant voûte continue, de $0^m,20$ d'épaisseur. Le prix n'en dépasserait pas 4 à 5 fr. par mètre carré, ce qui réduirait à 30 ou 35 fr. au lieu de 50 fr., la dépense du mètre courant de galerie en ligne de pente.

La pente de l'aqueduc serait uniformément de $0^m,38$ par kilomètre. Son débit possible pourrait être porté à 572 litres par seconde, le double environ de ce qu'il aurait à conduire pour le moment.

L'aqueduc en maçonnerie se terminerait près de Fournés, où serait établi le réservoir régulateur, servant de tête au siphon de traversée du Gardon.

Les terrains qui forment le faîte de séparation des vallées ou dépressions de Domazan et de Fournés, présentent un aspect tout particulier, uniquement formés d'argiles meubles, éminemment affouillables, dans la masse desquelles les eaux pluviales ont creusé d'innombrables et profondes ravines à parois verticales. Nous avons choisi deux de ces ravines, touchant au faîte, ne recevant aucun affluent, pour servir de cuvette au réservoir, qui aurait une superficie de 15,000 mètres carrés. Sa retenue serait opérée par un barrage en terre établi au confluent même des deux ravines, qui seraient réunies en une seule, au moyen des fouilles que nécessiterait la construction même de cette digue. Elle serait péreyée à l'amont et recouvrirait une galerie de vidange dans laquelle déboucheraient la vanne de fond du réservoir et deux conduites de 0m,65, dont l'une ne serait qu'une amorce pour le moment sans emploi, dont l'autre servirait de départ au siphon. Cette dernière d'ailleurs, au moyen d'un robinet et d'un tuyau posés sous le réservoir, pourrait être mise en communication avec l'extrémité même du canal d'amenée, dans le cas où l'on voudrait recevoir directement à Nimes les eaux refoulées par les machines, sans les laisser séjourner dans le réservoir. Ce dernier, maintenu constamment plein, ne serait qu'un en cas, qui fonctionnerait seulement pendant la courte période des crues.

Le siphon en tuyaux de fonte, suivant le fond de l'étroite vallée qui réunit aujourd'hui la ravine du réservoir au Gardon, traverserait cette rivière sous un radier fixe en béton, recouvert en pierres de taille et défendu par des files de pieux et des enrochements. Une double conduite pourrait être posée dans ce radier, sur une longueur de 200 mètres, en prévision du cas où, l'approvisionnement primitif étant devenu insuffisant, on se déciderait à l'augmenter en posant un nouveau siphon à côté du premier.

Le siphon rejoindrait l'aqueduc Romain immédiatement après Sernhac. Cet aqueduc, pour la partie comprise entre le pont du Gard et Nimes, a été, de la part de M. Dombres, l'objet d'une exploration complète et d'un projet de restauration dont il nous suffira de rappeler les parties essentielles, en ce qui concerne la section comprise à l'aval de Sernhac. Cette partie de

l'aqueduc, établie à une très-grande profondeur sous le
sol, sans aucun ouvrage d'art extérieur, est de beaucoup la mieux conservée, et sa reconstruction paraîtrait ne devoir être que très-peu coûteuse.

La section normale a $1^m,20$ de largeur sur $1^m,85$
de hauteur sous clé ; la pente, très-variable, est en
moyenne de $0^m,00034$, entre Sernhac et Nimes, et
ne descend jamais au-dessous de $0^m,00016$, pour s'é-
lever jusqu'à $0^m,00045$ en certains points. Le débit
normal pourrait atteindre au besoin 8 à 900 litres
par seconde et être, par conséquent, supérieur à celui que nous avons admis pour la nouvelle galerie.

Le radier de l'aqueduc existe sur toute la partie
explorée par M. Dombres, et il est le plus souvent
accompagné d'un restant de culées d'une hauteur variable. La voûte est conservée sur le quart de la longueur totale de 33 kilomètres, comptée à partir du
pont du Gard, dont la majeure partie dans les 20 kilomètres qui suivent Sernhac.

Les parois sont généralement recouvertes d'une
incrustation de tuf calcaire qui en certains points atteint jusqu'à $0^m,45$, et réduit à $0^m,30$ la largeur pri-
mitive de $1^m,20$.

Dans son projet de restauration, M. Dombres, qui
n'avait en vue d'amener à Nimes qu'un volume très-
inférieur à celui que nous proposons aujourd'hui,
n'avait pas pensé qu'il fût indispensable d'enlever en
entier ce dépôt ; nous croyons d'ailleurs qu'il s'était
exagéré les difficultés de cette opération. Nous avons

eu personnellement occasion de faire exécuter, dans l'aqueduc de Montpellier, un travail analogue, sur des proportions bien moindres, il est vrai, mais avec des conditions de difficultés spéciales, puisque l'enlèvement du tuf devait se faire sous l'eau, sans interrompre le service de la distribution. Nous n'en avons pas moins obtenu un rabais de 33 % sur le prix d'estimation, qui ne s'élevait cependant qu'à 1 fr. 50 le mètre courant, pour un dépôt de tuf de 0m,14 d'épaisseur sur 0m,70 de largeur, ce qui ferait revenir le prix du mètre cube à 10 fr. à peine. Pour l'aqueduc de Nimes, où l'enlèvement du tuf pourrait se faire presque partout à découvert, en même temps que la reconstruction des maçonneries, la dépense serait bien moindre. Elle ne s'élèverait très-probablement pas au-delà de 5 fr. le mètre cube, ce qui ne représenterait pas plus de 60,000 fr. pour les 20 kilomètres.

Quant aux autres travaux de restauration, se rapportant à la 1re et à la 2e section du projet de M. Dombres, ils n'ont été estimés par lui, — en y comprenant même la déviation pour la traversée du village de Sernhac, qui ne figure pas dans notre projet, — qu'à la somme de 300,000 fr. pour maçonneries et terrassements, chiffre qui, par suite de l'augmentation du prix des mains-d'œuvre, devrait être majoré de 50 % environ. Sur de telles bases nous croyons qu'on pourrait, comme avant-projet, compter sur une dépense de 500,000 fr. pour la restauration complète de l'aqueduc entre Sernhac et le bâtiment de la citadelle à Nimes, savoir :

Terrassements, maçonneries et enduits..	400,000 fr.
Enlèvement du tuf...................	60,000
Dépenses diverses et imprévues, non compris les indemnités de terrain........	40,000
Total...........	500,000 fr.

VII. Réservoirs et distribution dans Nimes.

Nous avons cru utile d'étudier avec un soin tout particulier les parties essentielles de notre combinaison, comprenant les machines élévatoires et l'aqueduc d'amenée sur la rive gauche du Gardon ; nous ne pensons pas qu'il soit indispensable d'entrer dans les mêmes détails pour ce qui est des parties communes à tous les projets concernant les réservoirs et la distribution en ville. Une évaluation quelque peu précise de semblables travaux, ne serait possible qu'à la condition d'être bien fixé sur la destination et la répartition définitive des eaux. La question, à ce point de vue, n'est plus uniquement de la compétence des ingénieurs. De nombreuses conférences avec l'Administration locale, pour s'enquérir des besoins à satisfaire et des améliorations à réaliser, seront nécessaires à celui qui sera chargé de cette étude finale. Pour le moment, nous ne pouvons faire que des hypothèses assez vagues, qui nous suffiront cependant pour nous permettre d'apprécier sommairement ce que pourront coûter les ouvrages de la distribution intérieure, par comparaison avec ce que nous-même avons eu occasion de faire ailleurs, dans des circonstances à peu près analogues.

Le grand réservoir de Fournés devant servir à uniformiser le débit de la conduite d'amenée et à parer aux chômages du service des machines pendant les crues, les réservoirs de la ville ne seront destinés qu'à régulariser le service de la distribution journalière. Une capacité totale de 10,000 mètres cubes sera largement suffisante pour cet objet.

Les ingénieurs qui se sont occupés de la question avant nous, M. Dombres en particulier, ont proposé de les établir dans les terrains vagues et de peu de valeur avoisinant la place de la porte d'Alais, où aboutiront naturellement les eaux, suivant le tracé de l'aqueduc Romain. Cet emplacement serait fort bien choisi au point de vue de la solidité des ouvrages et de la facile répartition des eaux entre les divers quartiers de la ville; mais il est une question qui nous paraît cependant avoir été négligée, c'est celle du rôle important que le trop-plein des eaux devra jouer pour la décoration de la promenade de la Fontaine, et l'utilisation des conduites de distribution qui partent déjà de la source actuelle.

Bien que nous n'ayons pu nous procurer de renseignements bien précis à cet égard, il est incontestable qu'une partie notable des eaux de la distribution romaine étaient conduites au pied des coteaux de la Tour-Magne. Il nous paraîtrait indispensable de rétablir cette communication, soit en restaurant l'ancien aqueduc, qu'il serait facile de retrouver dans les propriét és particulières, soit en établissant une conduite en siphon à partir de la porte d'Alais. Les eaux ainsi dérivées seraient reçues dans un second réservoir qui serait placé dans l'axe même de la promenade, continuant celui du Cours-Neuf. La construction, enfouie dans le roc, serait masquée par des enrochements et des plantations, ét n'aurait de visible que les déversoirs de trop-plein, dont les eaux tomberaient en cascade dans un premier bassin situé au fond de l'hémicycle, d'où elles s'épancheraient dans la cuvette naturelle de la source.

Il serait facile de combiner à peu de frais les travaux, de manière à tirer un grand parti de cette chute totale de 12 mètres pour la décoration de la promenade. Les eaux, versées en dernier lieu dans le bassin de la source, dont elles augmenteraient et régulariseraient le débit, aujourd'hui si faible en temps d'étiage, seraient reçues ensuite dans le canal de la distribution actuelle, qui continuerait à desservir les quartiers bas de la ville, notamment les concessions industrielles, la fontaine Pradier et les pièces d'eau ou bassins d'ornementation qu'on jugerait à propos d'établir sur d'autres points. A ces divers usages, n'exigeant nullement une limpidité absolue des eaux, seraient consacrés 9,000 mètres cubes. Le reste, soit 16,000 mètres cubes, serait directement distribué à partir de la porte d'Alais, avec pression entière, et réservé aux usages publics ou privés, exigeant des eaux jaillisantes à une plus grande hauteur.

L'écoulement des eaux de trop-plein par les cascades de la Fontaine ne servirait pas d'ailleurs à l'unique embellissement de la promenade. Une partie de la force motrice produite pourrait être utilisée à élever sur un point culminant de la colline, à 25 ou 30 mètres d'élévation, une quantité d'eau suffisante pour un haut service qui alimenterait les quartiers les plus élevés de la ville, et arroserait les allées et les gazons du mont Dausset lui-même. En disposant seulement pendant la nuit de cette chute de 100 litres environ à la seconde, tombant de 12 mètres, on pourrait mettre en jeu un petit appareil hydraulique dissimulé par les terrasses de l'hémicycle, qui serait susceptible d'élever en vingt-quatre heures environ 1,000 mètres cubes à une hauteur de 30 mètres.

Nous aurions donc, en résumé, à construire deux réservoirs de 5,000 mètres cubes de capacité chacun, l'un à la porte d'Alais, l'autre dans l'axe de la Fontaine au-dessus de la terrasse de l'hémicycle. En prenant pour terme de comparaison le réservoir analogue de 4,200 mètres cubes, récemment construit dans des conditions semblables pour la ville de Cette, le prix de revient de ces deux ouvrages serait de 180,000 fr., somme à laquelle il faudrait ajouter environ 70,000 fr. pour construction de bassins, cascades et autres motifs de décoration ou embellisement à la promenade de la Fontaine.

Sur le total de 25,000 mètres cubes d'eau apportés par l'aqueduc, 9,000 mètres environ seraient, avons-nous dit, rejetés dans le bassin de la Fontaine et distribués par les conduites existantes. Le reste, soit 16,000 mètres cubes seulement, nécessiterait une distribution nouvelle par un réseau de conduites forcées, partant du réservoir de la porte d'Alais et se ramifiant dans tous les quartiers de la ville.

Pour la distribution d'un volume total de 4 à 5000 mètres cubes d'eau, formant l'approvisionnement de la ville de Montpellier, dont la superficie est à peu près égale à celle de Nimes, il a été dépensé un peu moins de 200,000 fr. Dans des conditions analogues, on satisferait à une consommation quadruple, en adoptant des dimensions de conduites respectivement doubles, et, dans cette hypothèse, la perte de charge serait même diminuée. En tenant compte du surcroît d'épaisseur des tuyaux à mesure que le diamètre augmente, le double de section entraînerait une dépense à peu près deux fois et demie plus forte pour les conduites. La même proportion pourrait être admise pour les bornes-fontaines, robinets, bouches d'eau de toute nature entrant dans la distribution. Une somme totale de 500,000 fr. serait donc, croyons-nous, largement suffisante pour la répartition et l'emploi, dans l'intérieur de la ville de Nimes, d'un volume journalier de 16,000 mètres cubes, conservant leur pression originelle, auquel viendraient se joindre les 9,000 mètres réunis au produit naturel de la source de la Fontaine, et distribués par les conduites ou aqueducs actuellement existants.

En admettant que la distribution partirait de la place porte d'Alais, nous avons continué à supposer que l'on utiliserait pour la conduite d'amenée le tracé et les ruines de l'ancien aqueduc Romain, à partir de Sernhac. Nous avons dû nous conformer au précédent, admis par tous ceux qui avant nous se sont occupés de l'approvisionnement de la ville de Nimes.

Nous ne nous dissimulons pas cependant l'avantage qu'il y aurait à relever le plan d'eau, de manière à donner un surcroît de pression de 12 à 15 mètres sur tous les points de la distribution, ce qui permettrait aux eaux de monter dans les étages supérieurs de toutes les maisons, et rendrait beaucoup plus puissante la chasse énergique que l'on pourrait obtenir à chaque bouche d'arrosage.

Cette amélioration, que les dérivations naturelles ne sauraient produire, rien ne serait plus facile que de l'obtenir de notre combinaison, dans laquelle nous disposons au départ d'une force motrice inépuisable. En augmentant un peu la largeur des roues hydrauliques, la portant à $3^m,20$ au lieu de $2^m,70$, on pourrait établir à 94 mètres, au lieu de 84, le point de départ de l'aqueduc. En réduisant en outre à $0^m,25$ au lieu de $0^m,38$ par kilomètre la pente longitudinale de l'aqueduc, on relèverait à la cote 88 mètres le niveau du réservoir de Fournés, qui devrait être seulement déplacé et reporté au nord. Une différence de niveau de 9 mètres serait suffisante pour la dénivellation du réservoir et la traversée du Gardon. On pourrait donc

déboucher sur la rive droite de cette rivière à la cote
79 mètres, et en reconstruisant parallèlement à l'ancien tracé les 20 kilomètres d'aqueduc, arriver à Nimes
à la cote 74 mètres, supérieure de 17 mètres au niveau
de l'ancien Castellum. A cette hauteur le réservoir serait reporté bien en contre-haut de la porte d'Alais.
Il pourrait être très-probablement établi sur le faîte
ou les terrasses supérieures de la promenade du mont
Duplan. L'augmentation essentielle de dépenses résul-
terait surtout de la substitution à l'ancien aqueduc
Romain, d'un aqueduc enti èrement nouveau, pouvant
coûter, au même prix que celui de la rive gauche du
Gardon, environ 60 fr. par mètre, soit 1,200,000 fr.
au lieu de 500,000 pour un parcours de 20 kilom.
A cette première augmentation de dépenses, il suffirait
de joindre celle qu'entraînerait une force plus considérable dans les machines élévatoires, et un diamètre
un peu plus grand dans le siphon de traversée du
Gardon. L'aqueduc de la rive gauche, déplacé parallèlement à lui-même, pour être reporté à 10 mètres plus
haut, ne coûterait ni plus ni moins, sauf cependant
la traversée du chemin de Pujault, sur lequel on aurait à construire un aqueduc de 10 à 12 mètres de
hauteur, au lieu du pont de 5 mètres qui figure dans
notre projet.

Somme toute, cette modification, qui nous paraît
digne d'appeler l'attention la plus sérieuse de la ville
de Nimes, pourrait se traduire par un surcroît de frais
total d'un million environ. A ce prix on aurait une

distribution d'eau qui ne laisserait rien à désirer, et qui permettrait à la ville de Nimes de réaliser tous les embellissements possibles. De ce nombre serait en premier lieu la transformation complète de l'aride colline du mont Duplan. Ses rochers dénudés se couvriraient de fleurs et de verdure, et cette promenade, aujourd'hui délaissée, en dépit de ses magnifiques horizons, deviendrait en peu d'années un des plus délicieux jardins publics dont puisse s'enorgueillir aucune de nos villes du Midi.

Tout en nous réservant de signaler à l'Aministration la possibilité et les avantages que l'on retirerait d'un relèvement du plan d'eau de la distribution, nous n'avons pas cru devoir nous écarter, dans notre première étude, des dispositions généralement admises jusqu'ici, et avons considéré le Castellum comme le point obligatoire d'arrivée des eaux.

Les explications que nous venons de donner sur l'importance probable de la distribution intérieure, les détails plus précis du projet remis à l'Administration municipale, pour ce qui concerne les travaux extérieurs à la ville de Nimes, nous permettent de résumer comme suit le chiffre de dépenses, qui s'élèverait, au total, à la somme de 5,200,000 fr.

1º Construction du bâtiment, des machines.........	432,000	
2º Galerie de drainage.......	119,000	882,000 fr.
3º Machines hydrauliques et pompes..............	331,000	
A reporter......	882,000 fr.	

Report..........	882,000 fr.	
4o Conduites de refoulement et siphon du Gardon	746,000	
5o Conduites en galerie sur la rive gauche du Gardon...	1,727,000	2,473,000
6o Réservoir de Fournés.....	67,000	
7o Restauration de l'aqueduc Romain.............	500,000	
8o Réservoirs de la porte d'Alais et de la Fontaine à Nimes................	250,000	1,517,000
9o Distribution intérieure.....	500,000	
Somme à valoir pour indemnités de terrains, épuisements, dépenses diverses et imprévues, études et conduite des travaux.	528,000	
Total général........	5,200,000 fr.	

VIII. Avantages du nouveau projet, et prix réel de revient du mètre cube d'eau.

Pour connaître les charges totales de l'entreprise, à l'intérêt de cette somme il faudrait joindre les frais annuels d'entretien. Sans trop insister sur la rigoureuse exactitude de ce chiffre, qui devra dépendre de l'importance du service, et qui serait le même pour tous les projets, nous croyons pouvoir l'évaluer approximativement à 20,000 fr. pour le service intérieur de la distribution.

Quant aux frais extérieurs, ils seraient des plus minimes dans notre système. Le service du bâtiment des machines n'exigerait, en fait de personnel, qu'un ouvrier mécanicien et un homme de peine payés ensemble 3,000 fr., dont tout le travail consisterait à serrer de temps à autre quelques boulons, à régler la course des pistons et l'ouverture des vannes. Si l'on y ajoute 3 à 4,000 fr. pour fourniture d'huile ou de graisse, entretien de peinture et réparations des bâtiments, et une somme à peu près égale pour le salaire de trois cantonniers échelonnés sur le parcours total de l'aqueduc, dont l'un serait plus particulièrement chargé de la manœuvre des vannes et des robinets du réservoir de Fournés, on arrivera tout au plus au chiffre de 10,000 fr. La dépense annuelle en frais de toute nature, intérêts du capital d'établissement compris, s'élèvera donc en nombres ronds à 200,000 fr. pour la fourniture et la distribution en ville de 25,000 mètres cubes d'eau par jour en moyenne, soit plus de 9 millions pour l'année, ce qui fait revenir le prix du mètre cube à 0^f 0,031 seulement.

C'est en rapportant à cet élément de comparaison les divers projets mis en présence, que l'on pourra surtout se rendre compte des avantages de la combinaison nouvelle que nous proposons aujourd'hui. Ces avantages sont d'ailleurs subordonnés à l'importance même du projet, car le système d'approvisionnement à adopter devrait varier suivant l'étendue des besoins à desservir.

Si la ville de Nimes voulait se contenter d'un approvisionnement de 4 à 5,000 mètres cubes par jour, analogue à celui qui suffit tant bien que mal à la ville de Montpellier, elle n'aurait pas sans doute à pousser sa prise d'eau aussi loin que nous le supposons. Elle pourrait revenir au projet présenté par M. Dombres pour l'établissement de machines hydrauliques, utilisant la chute que l'on pourrait se procurer à Lafoux, au moyen d'une dérivation du Gardon de quelques kilomètres. Peut-être même, dans l'hypothèse de ce débit restreint, pourrait-on recourir aux machines à vapeur, dont les frais annuels ont une importance bien moindre, lorsqu'il s'agit d'un minime approvisionnement[1].

Si l'on voulait, au contraire, dévier une rivière entière, s'assurer, en vue des irrigations ou de tout autre usage, un débit de 3 à 400,000 mètres cubes par jour, dépenser à cet effet 40 ou 50 millions, ainsi qu'a fait Marseille, il n'y aurait d'autre ressource que de recourir à une dérivation naturelle du Rhône. On ne saurait compter, en vue de diminuer la dépense, sur les affluents intermédiaires. — Le débit en est trop faible à l'étiage pour qu'on puisse songer à leur faire un tel emprunt, sans soulever les plus vives protestations de la part des populations riveraines.

[1] Dans tous les cas, s'il s'agissait de machines à vapeur, c'est à Lafoux et non près du Rhône qu'on devrait les établir. Si faible que soit le débit du Gardon, au point de vue de la force motrice qu'on pourrait en attendre à l'étiage, il serait toujours plus considérable qu'il ne faudrait pour fournir aux besoins de la dérivation elle-même, et la vallée de cette rivière contient assez de bancs de graviers pour qu'on n'ait pas besoin d'aller chercher ailleurs les eaux de filtration nécessaires, à la condition d'avoir un moteur pour les élever.

Si, renonçant à des projets démesurés et irréa-
lisables, qui n'ont pas leur raison d'être, la ville de
Nimes veut prendre un moyen terme et s'arrêter à
une combinaison qui lui donne une quantité journalière
de 20 à 30,000 mètres cubes, largement suffisante à
tous ses besoins, elle ne pourra, croyons-nous, trouver aucune solution plus avantageuse que celle que
nous lui offrons.

Mettant de côté les dérivations directes, tant de la
source d'Eure que du Rhône, qui par des motifs différents peuvent être considérées comme abandonnées,
les dérivations par machines, les seules qui paraissent
possibles aujourd'hui, peuvent se réduire à quatre
combinaisons différentes, qui sont :

1o Machines à vapeurs établies à Lafoux ;
2o Machines à vapeurs établies à Beaucaire;
3o Machines hydrauliques établies à Lafoux;
4o Machines hydrauliques établies à la Barthelasse.

La troisième combinaison, d'après le projet de
M. Dombres, ne pourrait pas garantir plus de 5 à
6,000 mètres cubes à l'étiage. Les trois autres seraient
susceptibles de donner un débit qui, sans être illimité,
pourrait, sauf la question importante du prix, s'é-
lever jusqu'à 40 ou 50,000 mètres cubes, s'ils étaient
jamais nécessaires.

Le tableau suivant indique quels seraient les prix
de revient et les dépenses totales de dérivations établies

dans ces divers systèmes pour des débits variant de
6 à 48,000 mètres cubes par jour. Nous avons pris
pour base de nos calculs le résultat des études faites
avant nous par d'autres ingénieurs ; mais, pour éviter
une inutile complication, nous avons cru devoir en re-
trancher tout ce qui, en capital comme en frais annuels,
représente le service de la distribution intérieure. Nos
chiffres ne s'appliquent donc qu'au prix du mètre cube
d'eau élevé et rendu au même point, dans les réservoirs
à établir sur la place Porte d'Alais, à l'issue actuelle de
l'aqueduc Romain.

Pour une consommation journalière de 24,000 mètres, représentant un travail analogue à celui des machines de Lyon, nous avons compté sur une dépense
annuelle calculée d'après le même prix de 129 francs
par *unité de travail*, définie ainsi que nous l'avons
dit précédemment (1,000 mètres élevés journellement
à 1 mètre de hauteur).

Pour des consommations moindres de 12 et de
6,000 mètres, nous avons supposé des prix de revient
de 160 et 180 fr., intermédiaires entre ceux de Lyon
et de Bordeaux.

Pour un débit de 48,000 mètres cubes, au contraire, nous avons réduit le prix de l'unité à la moindre
limite qu'il nous paraisse possible de lui assigner avec
les machines à vapeur, soit à 120 fr.

DÉSIGNATIONS.	DÉBIT journalier en mètres cubes.	DÉPENSES			PRIX du mètre cube d'eau rendu à Nimes.
		en frais de premier établissement.	en frais annuels capitalisés.	TOTALES.	
	m.	fr.	fr.	fr.	fr.
1re combinaison......	6000	1,000,000	1,080,000	2,080,000	0,049
Id.	12000	1,500,000	1,920,000	3,420,000	0,040
Id.	24000	2,000,000	3,200,000	5,200,000	0,030
2e combinaison......	24000	3,000,000	3,720,000	6,720,000	0,038
Id.	48000	3,500,000	7,920,000	11,420,000	0,033
3e combinaison......	6000	1,500,000	100,000	1,600,000	0,037
4e combinaison......	12000	4,000,000	150,000	4,150,000	0,047
Id.	24000	4,500,000	200,000	4,700,000	0,026
Id.	48000	5,000,000	250,000	5,250,000	0,045

Les résultats de ce tableau, dont nous pouvons garantir tout au moins l'impartiale rédaction de notre part, parlent d'eux-mêmes. Le prix de revient réel du mètre cube, qui dans l'hypothèse des machines à vapeur établies à Beaucaire, serait de $0^f,038$ et $0^f,033$ pour des débits de 24 et 48,000 mètres cubes par jour, se réduirait respectivement à $0^f,026$ et $0^f,015$ par l'emploi des machines de la Barthelasse. L'économie serait de près du tiers dans le premier cas, de près des trois cinquièmes dans le second.

IX. Voies et moyens et revenus directs de l'entreprise.

Traitant surtout la question au point de vue de l'ingénieur, il nous suffit d'avoir fait ressortir les avantages de notre projet, et nous ne nous croyons pas appelé à en discuter les voies et moyens. C'est à l'Administration locale, meilleur juge de ses propres ressources que nous ne le serions nous-même, qu'il doit appartenir de décider si les travaux seront directement entrepris par la Ville, ou remis à une Compagnie concessionnaire. Les deux systèmes ont également leurs adhérents ; mais nous ne saurions dissimuler nos préférences pour le premier. Sans contester l'utilité que peuvent avoir les grandes Compagnies financières, pour l'exécution de certains travaux publics, tels que les chemins de fer, s'adressant à un grand nombre d'intérêts distincts, qui n'ont pas de lien naturel entre eux, nous croyons qu'elles ont beaucoup moins de

raison d'être pour des travaux municipaux, ne concernant qu'un seul groupe d'intérêts homogènes déjà
parfaitement associés, ayant leur représentant naturel,
qui est l'Administration municipale. Une Compagnie
concessionnaire, dans de telles circonstances, ne serait
qu'un intermédiaire assez inutile, parfois gênant,
toujours coûteux, entre les administrés et leurs dé-
légués.

Plus qu'aucune autre, la ville de Nimes a pu
apprécier les inconvénients des Compagnies concessionnaires, qui jusqu'ici, en la leurrant d'espérances
chimériques, n'ont servi qu'à entraver sa liberté d'action. A la veille d'être débarrassée, par une déclaration
de déchéance, des engagements qui la lient avec une
Compagnie impuissante, il est à présumer qu'elle ne
sera pas tentée de renouveler l'épreuve, et que, quelque
projet qu'elle adopte, elle se décidera à faire ses affaires
elle-même.

L'entreprise que nous lui proposons n'a d'ailleurs rien
qui soit disproportionné avec ses ressources. Une dépense de 5,200,000 fr., en frais de premier établissement, représente à peine, toute proportion gardée, le
sacrifice que la ville de Cette, trois fois moins peuplée,
vient de s'imposer pour obtenir un approvisionnement
par machine à vapeur, grevant son budget d'une dépense annuelle de 20 à 22,000 fr., qui ne pourra
que s'accroître avec le temps. A Nimes, les circonstances seront tout autres. La dépense une fois faite,
dans l'hypothèse des machines hydrauliques, les frais

annuels seront insignifiants, et le chiffre toujours croissant des concessions particulières viendra rapidement
en aide, aux ressources de l'amortissement.

Les distributions d'eaux entreprises sur une échelle
suffisante pour qu'on puisse multiplier sans danger
les concessions particulières et subvenir à bas prix aux
besoins industriels, sont trop récentes pour qu'on puisse
établir avec précision quels en seront les revenus
certains. Ils n'en sont pas moins déjà considérables. A
Bordeaux, ville d'une importance à peu près double
de celle de Nimes, le produit s'élève actuellement à
150,000 fr., et croît de 20,000 fr. par an. Dans
une ville voisine, à Arles, où le service est en voie
de réorganisation, ce produit atteint déjà 35,000 fr.,
pour une population de 20,000 âmes.

Avec un approvisionnement égal ou supérieur à
celui de Lyon et de Bordeaux, permettant de livrer
l'eau à très-bas prix, de la mettre largement à la disposition de tous les habitants, non-seulement pour les
usages domestiques ou les besoins de l'industrie, mais
pour l'alimentation des maisons de campagne, au besoin même pour l'arrosage des jardins maraîchers,
il n'y aura pas d'exagération à admettre que dans
peu d'années, le chiffre des abonnements s'élèvera à
120,000 fr. au moins. Il y aura, sans doute, fort loin
de ce chiffre à celui des nouvelles charges que la ville
se sera imposées. Mais, si indispensable que soit une
distribution d'eau, elle ne constitue jamais une de ces
entreprises directement rémunératrices, qui puissent

rendre en revenus l'intérêt du capital dépensé. Pour en apprécier les avantages., il faut faire entrer en ligne de compte la satisfaction des besoins généraux, l'amélioration du bien-être, les développements de l'industrie, qui en sont la conséquence immédiate, et, sous ce rapport, nulle ville n'a autant à gagner que Nîmes à la réalisation d'un semblable travail.

Au besoin, s'il était absolument nécessaire de trouver un surcroît de revenus, — profitant de la puissance illimitée du moteur que nous lui proposons de mettre en jeu, — la ville de Nîmes pourrait appeler les populations voisines du tracé de l'aqueduc à participer aux charges et aux produits de l'opération. En leur distribuant des eaux, même au prix de revient, elle aurait l'immense avantage de réduire ses frais généraux, qui seraient loin de croître dans le même rapport que le débit de la dérivation. A part les nombreuses maisons de campagne situées dans sa banlieue, et pour lesquelles il n'est pas de pire fléau que la sécheresse, Nîmes pourrait répandre les concessions particulières et multiplier les fontaines publiques sur le territoire des bourgs ou villages populeux de Villeneuve, Domazan, Aramon, Remoulins, Lédenon, etc., voisins de la conduite. Il y a quelques mois à peine, elle aurait pu proposer à la ville d'Avignon d'associer ses efforts aux siens pour une œuvre commune, au grand profit de l'une et de l'autre cité.

Notre projet d'aqueduc de dérivation passe, en effet, au-dessus même de Villeneuve, en vue et à moins

de 2 kilomètres de la ville d'Avignon, sur laquelle il
eût été possible de jeter un court embranchement en
conduite forcée, susceptible de lui donner par 24 heures les 10 ou 12,000 mètres cubes dont elle paraît
avoir besoin. La question de la traversée du Rhône
eût été une difficulté sans doute, mais non un obsta-
cle insurmontable. D'une évaluation sommaire dont il
nous paraît inutile de reproduire ici tous les détails,
il résulte pour nous que, en portant à six au lieu de
quatre le nombre des roues hydrauliques, et augmentant à proportion le diamètre de la conduite de refoule-
lement et de la première section de l'aqueduc, la dépense à faire pour la partie commune des travaux
aurait tout au plus été élevée à 2,100,000 francs,
au lieu de 1,700,000.

Nimes, n'en prenant que les deux tiers à sa charge, aurait gagné environ 300,000 francs à cette combinaison ;
quant à Avignon, joignant aux 700,000 francs laissés
à son compte les frais d'une conduite spéciale et d'un
réservoir, qui n'auraient pas coûté ensemble 300,000
francs, elle aurait obtenu au prix d'un million,
avec des frais annuels insignifiants et une pression
suffisante pour surmonter le rocher des Doms, un
volume d'eau de 12,000 mètres cubes. La même quantité, élevée à une hauteur réduite de 40 mètres, par
les machines à vapeur actuellement en construction,
coûtera de 70 à 80,000 francs, en frais annuels
d'entretien et de service, seulement.

La ville d'Avignon ayant devancé celle de Nimes,

et résolu la question, pour ce qui la concerne, en traitant avec une Compagnie concessionnaire, notre insistance sur les avantages qui seraient résultés de l'union des deux villes paraîtra peut-être hors de propos. Nous n'en avons pas moins cru utile d'indiquer combien il est, à notre avis, regrettable que la ville d'Avignon n'ait, pas plus que la ville de Nimes, songé à utiliser pour son approvisionnement la force motrice illimitée du barrage de la Barthelasse, qui se trouve à ses portes. Si engagée que paraisse la question, il ne serait peut-être pas complètement impossible d'y revenir. La Compagnie concessionnaire aurait-elle terminé la pose de ses machines à vapeur, qu'il y aurait encore grande économie pour elle à ne pas s'en servir et à traiter avec la ville de Nimes, sinon d'une manière définitive, du moins pour la durée provisoire de son marché avec Avignon. Dans cette hypothèse, la dérivation de la Barthelasse pourrait être immédiament établie pour 35 ou 40,000 mètres cubes au lieu de 25,000 : la différence serait mise à la disposition de la Compagnie d'Avignon, pour un certain nombre d'années, moyennant une redevance annuelle qui aiderait à l'amortissement ; et à l'expiration du terme, nécessairement assez long, la ville de Nimes, rentrant en possession intégrale de sa prise d'eau, pourrait, suivant les circonstances, l'employer en totalité à son usage, ou prendre de nouveaux arrangements avec l'Administration municipale d'Avignon.

Le principe de l'association, qui produit de si grands

résultats dans les entreprises particulières, ne serait pas moins fécond appliqué aux intérêts communs de villes voisines, et nulle occasion ne pourrait être plus favorable, pour un premier essai de cette entente commune, que celle qui consisterait à associer les populations des deux rives du Rhône pour l'exécution d'un projet d'ensemble, qui leur distribuerait les eaux d'une puissante source artificielle créée par la chute motrice du barrage de la Barthelasse.

Nous ne croyons pourtant pas nécessaire d'insister sur les développements d'une idée dont la réalisation pourrait présenter de grandes difficultés pratiques. Le succès de l'opération que nous proposons n'est nullement subordonné à cette nécessité d'un accord entre Nimes et Avignon. La première de ces deux villes est parfaitement en position de faire face aux charges du projet qui la concerne seule.

En admettant l'hypothèse d'une exécution directe, les frais annuels, d'après ce que nous avons dit, s'élèveraient :

Pour intérêts du capital de premier établissement, à................................. 260,000 fr.

Pour frais annuels de service et d'entretien, à........................ 30,000

Pour amortissement du capital en 30 ans, à.. 73,000

TOTAL... 363,000 fr.

A déduire : le revenu probable des concessions particulières........... 120,000

RESTE pour charge annuelle....... 243,000 fr.

Tel serait, en résumé, le montant des ressources spéciales que la ville de Nimes aurait à se procurer pendant trente ans, pour couvrir les frais d'une entreprise lui assurant la libre disposition d'un volume journalier de 25,000 mètres cubes d'eau d'excellente qualité, dont la jouissance à peu près gratuite, au lieu d'être une charge continue, ne serait plus pour elle qu'une nouvelle source de revenus, immédiatement après l'expiration de la période d'amortissement.

FIN.

TABLE DES MATIÈRES

VILLE
DE
NIMES.
PROJET DE DISTRIBUTION DES EAUX DE FILTRATION DU RHÔNE PAR MACHINES HYDRAULIQUES UTILISANT LA CHUTE DU BARRAGE DE LA BARTHELASSE.
CARTE GÉNÉRALE
TARASCON
BEAUCAIRE
AVIGNON
Gard
NIMES
PROFIL DE L'AQUEDUC ENTRE LE RHÔNE ET NIMES.

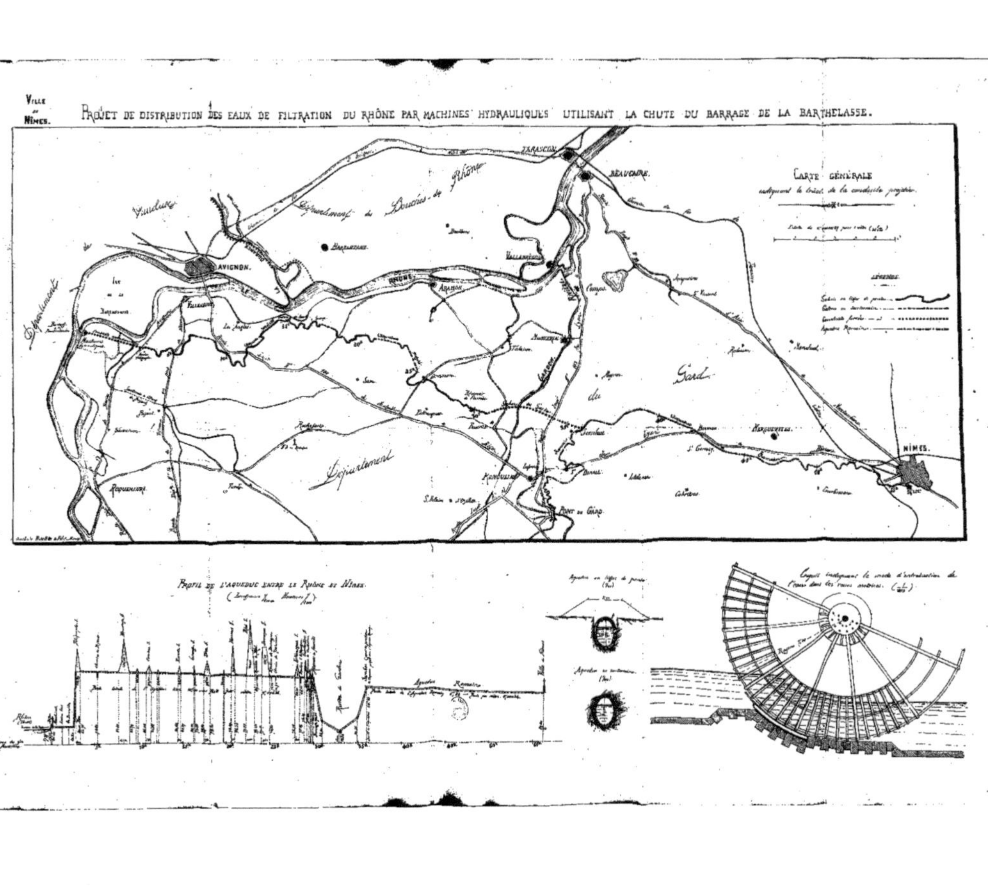

www.ingramcontent.com/pod-product-compliance
Ingram Content Group UK Ltd.
Pitfield, Milton Keynes, MK11 3LW, UK
UKHW020945140726
13695UKWH00003B/1215